T0208999

Mathematik Kompakt

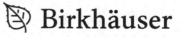

Mathematik Kompakt

Herausgegeben von:
Martin Brokate, Garching, Deutschland
Aiso Heinze, Kiel, Deutschland
Karl-Heinz Hoffmann, Garching, Deutschland
Mihyun Kang, Graz, Österreich
Götz Kersting, Frankfurt, Deutschland
Moritz Kerz, Regensburg, Deutschland
Otmar Scherzer, Wien, Österreich

Die Lehrbuchreihe *Mathematik Kompakt* ist eine Reaktion auf die Umstellung der Diplomstudiengänge in Mathematik zu Bachelor- und Masterabschlüssen. Inhaltlich werden unter Berücksichtigung der neuen Studienstrukturen die aktuellen Entwicklungen des Faches aufgegriffen und kompakt dargestellt. Die modular aufgebaute Reihe richtet sich an Dozenten und ihre Studierenden in Bachelor- und Masterstudiengängen und alle, die einen kompakten Einstieg in aktuelle Themenfelder der Mathematik suchen. Zahlreiche Beispiele und Übungsaufgaben stehen zur Verfügung, um die Anwendung der Inhalte zu veranschaulichen.

- **Kompakt:** relevantes Wissen auf 150 Seiten
- **Lernen leicht gemacht:** Beispiele und Übungsaufgaben veranschaulichen die Anwendung der Inhalte
- **Praktisch für Dozenten:** jeder Band dient als Vorlage für eine 2-stündige Lehrveranstaltung

Weitere Bände in der Reihe http://www.springer.com/series/7786

Martin Brokate · Götz Kersting

Maß und Integral

2. Auflage

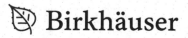 Birkhäuser

Martin Brokate
Fakultät für Mathematik
Technische Universität München
München, Deutschland

Götz Kersting
Institut für Mathematik
Goethe-Universität Frankfurt
Frankfurt am Main, Deutschland

ISSN 2504-3846   ISSN 2504-3854   (electronic)
Mathematik Kompakt
ISBN 978-3-0348-0987-0   ISBN 978-3-0348-0988-7   (eBook)
https://doi.org/10.1007/978-3-0348-0988-7

Die Deutsche Nationalbibliothek verzeichnet diese Publikation in der Deutschen Nationalbibliografie; detaillierte bibliografische Daten sind im Internet über http://dnb.d-nb.de abrufbar.

Birkhäuser ist ein Imprint der eingetragenen Gesellschaft Springer Nature Switzerland AG und ist ein Teil von Springer Nature.
Die Anschrift der Gesellschaft ist: Gewerbestrasse 11, 6330 Cham, Switzerland

Vorwort

Die moderne Maß- und Integrationstheorie ist ein prominenter Abkömmling der Cantorschen Mengenlehre, auch spielte sie für deren Ausformung eine wichtige Rolle. Die Wurzeln der Maß- und Integrationstheorie finden sich also in Bereichen, die man gemeinhin der Reinen Mathematik zurechnete. Gleichwohl hat sie Bedeutung gewonnen gerade auch für solche Gebiete der Mathematik, die schon lange Anwendungsbezüge pflegen – für die Funktionalanalysis, die Theorie der partiellen Differentialgleichungen, die angewandte Analysis und Steuerungstheorie, die Numerik, die Potentialtheorie, die Ergodentheorie, die Wahrscheinlichkeitstheorie und die Statistik. Die Maß- und Integrationstheorie lässt sich also nicht recht in das Schema Reine versus Angewandte Mathematik einpassen (ein Schema, das heutzutage ja auch zunehmend an Überzeugungskraft verliert).

Unter diesem Eindruck haben wir unser Lehrbuch geschrieben. Wir haben sehr wohl Leser im Blick, die die Theorie anderswo einsetzen wollen und sich eine konzentrierte Darstellung der wichtigsten Resultate wünschen. Dabei liegt uns aber am Herzen, die Maß- und Integrationstheorie als ein in sich stimmiges, abgerundetes und durchsichtiges System von Aussagen über Flächen, Volumina und Integrale zu präsentieren. Wir meinen, dass sich dies in kompakter Weise realisieren lässt, so dass sie ihren Platz im Bachelor für Mathematik bekommt.

Mathematisch gesehen hat die Maß- und Integrationstheorie in ihrem Kernbereich weitgehend ihre Form gefunden. Doch denken wir, dass sich in der Darstellung des Stoffes noch Akzente setzen lassen. Unsere Anordnung des Stoffes folgt nicht dem von verschiedenen Autoren gewählten Aufbau. Dazu seien ein paar Hinweise gegeben.

Anders als sonst behandeln wir die Existenz- und Eindeutigkeitssätze für Maße nicht gleich am Anfang. Wir meinen, dass damit den Bedürfnissen der Studierenden eher gedient ist: Zunächst einmal sind die Konvergenzsätze für Integrale wichtig, die Konstruktion von Maßen, so schön sie auch nach Carathéodory gelingt, kann demgegenüber erst einmal zurückstehen. Deswegen behandeln wir diese Konstruktionen erst gegen Ende unseres Lehrbuches (was nicht ausschließt, das ein Dozent sie in seiner Vorlesung doch vorzieht). Hier haben wir eine Darstellung gewählt, die übliche Erörterungen von

Mengensystemen wie Mengenalgebren, Halbringe etc. vermeidet und direkt zum Ziel führt. Auch an einigen anderen Stellen gibt es neue Akzente.

Dabei haben wir nicht im Sinn, die Theorie in allen ihren Verästelungen vorzuführen. Wir konzentrieren uns auf ihren Kern (so wie wir ihn sehen) und stellen darüber hinaus Resultate dar, die Verbindungen zu anderen Gebieten der Mathematik herstellen. Für die Analysis betrifft das z. B. das Glätten von Funktionen durch Faltung oder die Transformationsformel von Jacobi. Für die geometrische Maßtheorie gehen wir auf Hausdorffmaße und -dimensionen ein. Für die Wahrscheinlichkeitstheorie behandeln wir u. a. Kerne sowie Maße auf unendlichen Produkträumen nach Kolmogorov. Am Ende versuchen wir, in zwei Kapiteln Bezüge zur Funktionalanalysis herzustellen, so wie uns das für ein Verständnis der Theorie nützlich erscheint. Zur Orientierung des Lesers haben wir manche Abschnitte mit einem * markiert, sie können erst einmal überschlagen werden.

An Kenntnissen setzen wir den Stoff voraus, der in den Anfängervorlesungen für Mathematik an den Universitäten behandelt wird. Aus der Topologie benutzen wir kommentarlos nur elementare Konzepte (offen, abgeschlossen, kompakt, Umgebung, Stetigkeit, alles in metrischen Räumen). Was darüber hinausgeht, erörtern wir in der einen oder anderen Weise. Historische Anmerkungen finden sich in Fußnoten.

Ein konziser Text, wie wir in angestrebt haben, kann nicht an die Stelle umfassender Werke treten. Wir wollen deswegen auch nicht ein bewährtes Lehrbuch wie das von Elstrodt ersetzen, ganz zu schweigen klassische Texte wie die von Halmos oder Bauer. Im Anhang nennen wir noch weitere Einführungen in die Theorie, von allen haben wir wesentlich profitiert. Wir erlauben uns, dies im Einzelnen nicht weiter zu belegen, wie das in einem Lehrbuch wohl gestattet ist. Was die ursprüngliche erste Auflage angeht, haben wir gerne Vorschläge zum Text und Korrekturhinweise von Christian Böinghoff und Henning Sulzbach übernommen. Für die vorliegende zweite Auflage bedanken wir uns bei Folkmar Bornemann für einige Hinweise. Dem Birkhäuser Verlag danken wir zum wiederholten Male für die angenehme und reibungslose Zusammenarbeit.

München und Frankfurt/Main   Martin Brokate
Dezember 2018   Götz Kersting

Inhaltsverzeichnis

Einleitung

1

Die Bestimmung spezieller Flächeninhalte, Volumina und Integrale ist ein uraltes Thema der Mathematik. Unübertroffen sind die Leistungen des Archimedes, namentlich seine Bestimmung von Kugelvolumen und -oberfläche als $4\pi/3$ bzw. 4π. Später war man dann in der Lage, mit verschiedenen Hilfsmitteln den Wert immer neuer spezieller Integrale zu berechnen. Aufgaben wie die Bestimmung des Wertes von $\int_0^\infty \frac{\sin x}{x}\,dx$ (nämlich $\pi/2$) haben die Analysis seit Euler beschäftigt.

Ende des 19. Jahrhunderts verlor das Thema an Bedeutung, es gab da nicht mehr viel Neues zu entdecken. Dies ist der Zeitpunkt, zu dem die Maß- und Integrationstheorie auf den Plan trat. Auch sie befasst sich mit Inhalten oder (wie wir im Folgenden sagen werden) *Maßen* von Mengen und mit Integralen von Funktionen, ihre Fragestellung hat sich aber gewandelt. Sie lautet nicht mehr „Was ist das Maß dieser oder jener Menge?" sondern „Welche Mengen sind messbar, welche Funktionen integrierbar?". Welchen Mengen kann man also in stimmiger Weise ein Maß zuordnen, welchen Funktionen ein Integral. Was deren Wert im Einzelnen ist, wird zweitrangig, in den Vordergrund treten allgemeine Regeln des Integrierens. Der Zusammenhang zum Differenzieren, der seit Newton und Leibniz über einen langen Zeitraum im Vordergrund stand, verliert seine beherrschende Stellung.

Solche Perspektivwechsel sind in der Mathematik nicht ungewöhnlich. In unserem Fall hatte er mit der Entwicklung zu tun, dass man Integrale nicht mehr um ihrer selbst willen betrachtete, sondern sie als Hilfsmittel in anderweitigen mathematischen Untersuchungen brauchte. Historisch ist da insbesondere die Fourier-Analyse von Funktionen zu nennen, die Zerlegung von reellen Funktionen in Sinus-Schwingungen. Deren Koeffizienten (Amplituden) lassen sich durch gewisse Integrale ausdrücken – dabei merkte man bald, dass man dafür Eigenschaften der Integration benötigte, die die damals zur Verfügung stehenden Integralbegriffe nicht bieten konnten.

© Springer Basel AG 2019
M. Brokate und G. Kersting, *Maß und Integral*, Mathematik Kompakt,
https://doi.org/10.1007/978-3-0348-0988-7_1

Die Maß- und Integrationstheorie nach Lebesgue entstand im Großen und Ganzen zwischen den Jahren 1900 und 1915, mit wesentlicher Vorarbeit von Borel[1] aus dem Jahre 1894. Die Pioniere von damals hatten von Anfang an ihren Blick auf die grundlegenden Eigenschaften von Maß und Integral gelenkt. Borel war der erste, der für Maße nicht nur die Additivität, sondern auch die σ-Additivität forderte. Dies bedeutet, dass nicht nur für endlich viele disjunkte messbare Mengen B_1, B_2, ... $\subset \mathbb{R}^d$ mit Maßen $\lambda(B_1)$, $\lambda(B_2)$, ... die Vereinigung $B = B_1 \cup B_2 \cup \cdots$ messbar ist und das Maß

$$\lambda(B) = \lambda(B_1) + \lambda(B_2) + \cdots$$

besitzt, sondern dass diese Eigenschaft auch für jede unendliche Folge B_1, B_2, ... disjunkter messbarer Mengen gilt. Borel erkannte, dass sich nur mit dieser Annahme eine fruchtbare mathematische Theorie ergibt. Im Einzelfall, wie im Bild beim Kreis,

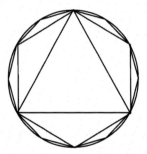

ergab sich natürlich nichts Neues. Lebesgue[2], der Begründer der modernen Integrationstheorie, ging dann in seiner grundlegenden Abhandlung zur Integration aus dem Jahre 1901 von sechs Eigenschaften aus, die Integrale vernünftigerweise erfüllen müssen.
Die Maß- und Integrationstheorie baut auf der Mengenlehre auf und kommt nicht ohne deren Schlussweisen aus. Erst mit Hilfe der Mengenlehre fand sich ein Weg zum vollen System der messbaren Teilmengen des $\mathbb{R}^d$ und anderer Räume. Dabei erweist sich dieser Weg als vergleichsweise abstrakt und indirekt. Um seine Berechtigung zu erkennen, ist es vielleicht angebracht, erst einmal einen Blick auf anschaulichere Ansätze zu werfen, auch wenn diese letztlich nicht zielführend waren.

---

[1]ÉMILE BOREL, 1871–1956, geb. in Saint-Affrique, tätig in Paris an der École Normale Supérieure und der Sorbonne. Seine bedeutenden Beiträge betreffen nicht nur die Begründung der Maßtheorie, sondern auch Funktionentheorie, Mengenlehre, Wahrscheinlichkeitstheorie und mathematische Anwendungen. Dieses Wirken verband er mit einer politischen Karriere, als Parlamentsabgeordneter, Marineminister und schließlich Mitglied der Résistance.
[2]HENRI LEBESGUE, 1875–1941, geb. in Beauvais, in Paris tätig an der Sorbonne und am Collège de France. Seine Begründung der Integrationstheorie ist ein Markstein in der Mathematik, dabei konnte er auf Vorarbeiten von Borel und Baire zurückgreifen. Mit seinen Methoden erzielte er dann Resultate über Fourier-Reihen.

Betrachten wir den bekannten Ansatz von Jordan[3]. Seine Idee ist intuitiv: Sei $V = \bigcup_{j=1}^{k} I_j$ eine Vereinigung von endlich vielen disjunkten d-dimensionalen Intervallen $I_j \subset \mathbb{R}^d$, also $I_j = [a_{j1}, b_{j1}) \times \cdots \times [a_{jd}, b_{jd})$ (es erweist sich als praktisch, wenn auch nicht als zwingend, mit halboffenen Intervallen zu arbeiten). Ihr Maß $\lambda(V)$ erhält man, indem man die Produkte der Kantenlängen der einzelnen Intervalle aufsummiert:

$$\lambda(V) := \sum_{j=1}^{k} (b_{j1} - a_{j1}) \cdots (b_{jd} - a_{jd}).$$

Das äußere und das innere Maß einer Teilmenge $B \subset \mathbb{R}^d$ ergeben sich dann nach Jordan durch Überdeckung bzw. Ausschöpfung mittels Vereinigungen von Intervallen:

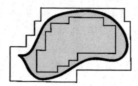

In Formeln ausgedrückt:

$$\lambda^*(B) := \inf\{\lambda(V) : V \supset B\}, \quad \lambda_*(B) := \sup\{\lambda(V) : V \subset B\}.$$

Haben beide Ausdrücke denselben Wert, so nennt man B eine Jordanmenge und $\lambda(B) := \lambda^*(B) = \lambda_*(B)$ heißt das Jordanmaß von B. Die Definition ist analog zum Riemannintegral von Funktionen.

Zweifellos ist damit einer Jordanmenge ihr „richtiges" Maß zugewiesen. Der Mangel dieser Vorgehensweise liegt anderswo, auf struktureller Ebene. Zwar sind endliche Vereinigungen, endliche Durchschnitte und Komplemente von Jordanmengen wieder Jordanmengen. Jedoch stellt sich heraus, dass im Allgemeinen eine abzählbar unendliche Vereinigung von Jordanmengen nicht mehr Jordanmenge zu sein braucht. Man sieht zum Beispiel leicht ein, dass jede einpunktige Menge Jordanmenge vom Maß 0 ist, dass aber die Menge der rationalen Zahlen im Intervall [0, 1] keine Jordanmenge ist (inneres und äußeres Maß sind 0 bzw. 1). Es fehlt die σ-Additivität.

Dieser Mangel ist fatal. Alle Versuche, die Definition von Jordan geeignet abzuändern und damit den Mangel zu beheben, sind gescheitert.

Aber vielleicht ist es ja gar nicht erforderlich, die Messbarkeit von Mengen regelrecht zu definieren. Ist es vielleicht möglich, *jeder* Teilmenge des $\mathbb{R}^d$ in vernünftiger Weise ein

---

[3]CAMILLE JORDAN, 1838–1922, geb. in Lyon, tätig in Paris an der École Polytechnique und am Collège de France. Bekannter als seine Beiträge zur Maßtheorie sind seine Arbeiten zur Gruppentheorie. Die Jordansche Normalform von Matrizen wie auch Jordankurven belegen seine weitgespannten mathematischen Interessen.

Maß zuzuordnen, ob nun auf direktem oder indirektem Wege? Bereits Lebesgue stellte diese Frage. Die Antwort ist negativ, wie Vitali[4] und Hausdorff[5] herausfanden. Hausdorffs Resultat wurde später von Banach[6] und Tarski[7] ausgebaut. Es ist einigermaßen verblüffend und deswegen heute als *Banach-Tarski Paradoxon* bekannt. Die beiden Mathematiker zeigten 1924: Je zwei beschränkte Teilmengen B und B' des $\mathbb{R}^d$, $d \geq 3$, mit nichtleerem Inneren, etwa zwei Kugeln mit unterschiedlichen Radien, lassen sich beide so in gleich viele disjunkte Teile zerlegen, $B = C_1 \cup \cdots \cup C_k$ und $B' = C'_1 \cup \cdots \cup C'_k$, dass die Teilstücke $C_1, \ldots, C_k, C'_1, \ldots, C'_k$ alle miteinander kongruent sind, also mithilfe von Translationen, Drehungen und Spiegelungen ineinander überführt werden können. Man ist also geneigt zu schließen: Alle Teilstücke haben aufgrund von Kongruenz dasselbe Maß, und folglich haben B und B', nun aufgrund von Additivität, dasselbe Maß. Dies wäre paradox. Wie lassen sich solche Zerlegungen realisieren? Auf anschauliche Weise ist das unvorstellbar.

Die Antwort ist: Der Satz von Banach-Tarski ist ein Resultat der Mengenlehre, und die Mengenlehre erlaubt (insbesondere mit Hilfe des Auswahlaxioms) die Bildung von völlig exotischen Teilmengen des $\mathbb{R}^d$, die der Vorstellung nicht mehr zugänglich sind. Dies ist der Sinn des Satzes: Das System der Teilmengen von $\mathbb{R}^d$ ist derart umfassend, dass es unmöglich ist, allen Teilmengen ein Maß zuzuweisen in einer Weise, dass diese Maße sich additiv verhalten und gleichzeitig invariant unter Kongruenz sind. Der oben gezogene Schluss lässt sich also nicht ziehen. Damit löst sich das Paradoxon auf. – Diese Resultate von Vitali, Hausdorff, Banach und Tarski sind bedeutend in der Historie der Maßtheorie, heutzutage sind sie eher ein Spezialthema.

Halten wir fest: Der Versuch, messbare Teilmengen des $\mathbb{R}^d$ einzeln in den Blick zu nehmen, führt zu keiner tragfähigen mathematischen Theorie. Wir wenden deshalb unseren Blick ab von einzelnen Teilmengen, und nehmen stattdessen Systeme $\mathcal{B}$ von messbaren Teilmengen ins Visier. Ihre Eigenschaften sind einfach. Nach Borel sind zwei Eigenschaften unabdingbar:

$$B \in \mathcal{B} \Rightarrow B^c \in \mathcal{B} \quad \text{und} \quad B_1, B_2, \ldots \in \mathcal{B} \Rightarrow \bigcup_{n \geq 1} B_n \in \mathcal{B}$$

---

[4]GIUSEPPE VITALI, 1875–1932, geb. in Ravenna, tätig in Modena, Padua und Bologna. Er lieferte bedeutende Beiträge namentlich zur Maßtheorie, aber auch zur Funktionentheorie.

[5]FELIX HAUSDORFF, 1868–1942, geb. in Breslau, tätig in Leipzig, Greifswald und Bonn. Hausdorff lieferte grundlegende Beiträge zur Mengenlehre, Topologie und Maßtheorie. Seine *Mengenlehre* war eine außerordentlich einflussreiche Monographie. Unter dem Pseudonym *Paul Mongré* veröffentlichte er essayistische und literarische Werke. Aufgrund seiner jüdischen Herkunft wurde Hausdorff 1935 emeritiert. Um seiner Deportation zu entgehen, nahm er sich 1942 das Leben.

[6]STEFAN BANACH, 1892–1945, geb. in Krakau, tätig in Lemberg. Er begründete die moderne Funktionalanalysis. Um Hugo Steinhaus und ihn bildete sich die Lemberger Schule der Mathematik.

[7]ALFRED TARSKI, 1902–1983, geb. in Warschau, tätig in Warschau und Berkeley. Er gilt als einer der bedeutendsten Logiker, etwa durch Arbeiten zur Modelltheorie. Auch trug er zur Mengenlehre, Maßtheorie, Algebra und Topologie bei. Wegen seiner jüdischen Herkunft blieb er 1939, nach Einmarsch der deutschen Armee in Polen, in den Vereinigten Staaten.

für die Komplementärmenge B^c von B und für endliche als auch für unendliche Folgen $B_1, B_2, \ldots$ Solche Mengensysteme sind von fundamentaler Bedeutung in der Maßtheorie, nach Hausdorff heißen sie σ-Algebren. Es stellt sich die Aufgabe, eine ausreichend große σ-Algebra zu bestimmen, deren Elementen man ein Maß zuordnen kann, so dass σ-Additivität gilt.

Die Aufgabe lässt sich verschieden angehen. Eine Möglichkeit besteht darin, von einem System $\mathcal{E}$ von Mengen auszugehen, denen man in klarer Weise ein Maß geben kann. Hier eignet sich etwa das System aller (halboffenen) Intervalle des $\mathbb{R}^d$. Man vergrößert dann $\mathcal{E}$ zu dem System $\mathcal{E}'$ aller abzählbaren Vereinigungen von Mengen aus $\mathcal{E}$ zusammen mit den Komplementärmengen der Vereinigungen. Den Mengen aus $\mathcal{E}'$ kann man dann ebenfalls ein Maß geben, unter Ausnutzung der Eigenschaft der σ-Additivität. Ist $\mathcal{E}'$ noch keine σ-Algebra, so wiederholt man den Schritt, solange, bis schließlich eine σ-Algebra $\mathcal{B}^d$ entstanden ist. – Diesen Weg kann man beschreiten (und hat man anfangs beschritten), allerdings stellt sich heraus, dass überabzählbar viele Schritte nötig sind, um zum Ziel zu gelangen. Dies strapaziert nicht nur die Intuition, man muss sich dazu auch fortgeschrittener Methoden der Mengenlehre bedienen, nämlich der Theorie der wohlgeordneten Mengen und der transfiniten Induktion. Eine Vorstellung, wie eine messbare Menge typischerweise aussieht, entsteht dabei nicht.

Glücklicherweise fand sich bald ein elementarer und viel einfacherer Weg: Man richtet den Blick direkt auf $\mathcal{B}^d$, indem man sie als die *kleinste* σ-Algebra charakterisiert, die $\mathcal{E}$ enthält. Sie heißt *Borel-σ-Algebra,* und ihre Elemente $B \subset \mathbb{R}^d$ heißen *Borelmengen.* Wir werden sehen, wie man allen Borelmengen ein Maß zuweist, so dass die Eigenschaft der σ-Additivität erfüllt ist, und wie sich darauf eine Integrationstheorie aufbaut, deren Regeln durchsichtig und leicht anwendbar sind.

Es ist ein Preis zu zahlen: Damit man mit messbaren Mengen und integrierbaren Funktionen flüssig rechnen kann, muss man auch mit Mengen und Funktionen umgehen, die sich klassischen Vorstellungen gar nicht mehr fügen wollen. Führende Mathematiker standen damals dieser Entwicklung reserviert bis ablehnend gegenüber, Hermite[8] etwa sprach von einer „beklagenswerten Plage" von Funktionen ohne Ableitungen. Dennoch haben sich die Ideen von Borel und Lebesgue durchgesetzt. Ihre Theorie gehört zu den wichtigsten Errungenschaften der Mengenlehre.

Messbare Mengen lassen sich einzeln kaum in den Griff bekommen, man wird ihrer nur durch ihre Zugehörigkeit zu Mengensystemen habhaft. Dies bedeutet auch: Wie eine „typische" Borelmenge aussieht, weiß niemand zu sagen. Dagegen kann man sich eine Vorstellung von einer typischen Jordanmenge machen, das Bild deutet dies an. Dennoch werden

---

[8]CHARLES HERMITE, 1822–1901, geb. in Dieuze, tätig in Paris an der École Polytechnique und an der Sorbonne. Er trug wesentlich zu Algebra und Zahlentheorie, zu orthogonalen Polynomen und elliptischen Funktionen bei.

wir im Folgenden auf Jordanmengen nicht mehr zu sprechen kommen, während Borelmengen im Zentrum unserer Betrachtungen bleiben. In der Maß- und Integrationstheorie muss man sich daran gewöhnen, mit Mengen- und Funktionensystemen zu rechnen anstatt mit einzelnen Mengen und Funktionen.

Seit seiner Entstehung in der Zeit Newtons und Leibniz' hat sich das Integral zu einem Werkzeug entwickelt, welches in vielen Bereichen innerhalb und außerhalb der Mathematik grundlegend eingesetzt wird. Dazu gehören die Beschreibung von Vorgängen im Kontinuierlichen – etwa dem Raum-Zeit-Kontinuum – in den jeweiligen Teilbereichen der (mathematischen) Analysis, die Beschreibung zufälliger Phänomene in der Stochastik, sowie die Beschreibung von Algorithmen zur Approximation und Simulation solcher Situationen auf dem Computer im Bereich der Numerik und des Wissenschaftlichen Rechnens.

In allen diesen Zusammenhängen hat sich das Lebesguesche Integral als der insgesamt geeignetste Integrationsbegriff herausgestellt. Was die Analysis und die Numerik angeht, liegt das vor allem daran, dass die zur p-ten Potenz lebesgueintegrierbaren Funktionen einen bezüglich der Integralnorm vollständigen (jede Cauchyfolge konvergiert) Raum bilden. Im Falle $p = 2$ definiert das Integral darüber hinaus ein Skalarprodukt, und wir erhalten einen Hilbertraum. Diese sogenannten L_p-Räume und ihre Abkömmlinge – etwa die Sobolev-Räume – liefern, neben den Räumen stetiger Funktionen und deren Varianten, den mathematischen Rahmen, in dem Fragestellungen aus dem Kontinuierlichen überwiegend behandelt werden.

Zwar geht es in der Lebesgueschen Integrationstheorie nicht um das Berechnen einzelner Integrale, doch sind ihre Resultate auch für diesen Zweck hilfreich. Die Sätze über das Vertauschen von Integration und Grenzwerten (über montone und dominierte Konvergenz) haben vielfältige Anwendungen, z. B. klären sie, wann sich Differentiation und Integration vertauschen lassen. Entsprechendes gilt für die Sätze von Fubini[9] und Tonelli[10] über das Vertauschen der Integrationsreihenfolge bei Mehrfachintegralen. Wir werden auf wichtige Einzelintegrale zu sprechen kommen.

---

[9]GUIDO FUBINI, 1879–1943, geb. in Venedig, tätig in Catania, Turin und Princeton. Er arbeitete über reelle Analysis, Differentialgeometrie und Funktionentheorie. 1939 emigrierte er mit seiner Familie in die USA, nachdem er im Zuge der antisemitischen Politik unter Mussolini seinen Lehrstuhl in Turin verlor.

[10]LEONIDA TONELLI, 1885–1946, geb. in Gallipoli bei Lecce, tätig in Cagliari, Parma, Bologna und Pisa. Er arbeitete in vielen Bereichen der Analysis und ist insbesondere für seine Beiträge zur Variationsrechnung bekannt.

Messbarkeit

2

In diesem Abschnitt führen wir messbare Mengen und messbare Funktionen ein. Wie in der Einleitung erläutert geht es dabei hauptsächlich um ein Rechnen mit Mengensystemen. Dabei betrachten wir auch endliche oder unendliche Folgen von Mengen. Für solche Folgen unbestimmter Länge benutzen wir die Notation $A_1, A_2, \ldots$, für deren Vereinigung $\bigcup_{n \geq 1} A_n$ und so weiter.

Definition

Ein System $\mathcal{A}$ von Teilmengen einer nichtleeren Menge S mit den Eigenschaften

(i) $S \in \mathcal{A}$,

(ii) $A \in \mathcal{A} \;\Rightarrow\; A^c := S \backslash A \in \mathcal{A}$,

(iii) $A_1, A_2, \ldots \in \mathcal{A} \;\Rightarrow\; \bigcup_{n \geq 1} A_n \in \mathcal{A}$.

nennt man eine σ-*Algebra* in S. Das Paar $(S, \mathcal{A})$ heißt *messbarer Raum*. Die Elemente von $\mathcal{A}$ bezeichnet man als die *messbaren Teilmengen von* S.

Es folgt dann auch

(iv) $\emptyset = S^c \in \mathcal{A}$,

(v) $A_1, A_2, \ldots \in \mathcal{A} \;\Rightarrow\; \bigcap_{n \geq 1} A_n = \left(\bigcup_{n \geq 1} A_n^c \right)^c \in \mathcal{A}$,

(vi) $A_1, A_2 \in \mathcal{A} \;\Rightarrow\; A_1 \backslash A_2 := A_1 \cap A_2^c \in \mathcal{A}$,

(vii) $A_1, A_2 \in \mathcal{A} \;\Rightarrow\; A_1 \triangle A_2 := (A_1 \cup A_2) \backslash (A_1 \cap A_2) \in \mathcal{A}$.

Definition

Seien $(S, \mathcal{A})$, $(S', \mathcal{A}')$ messbare Räume. Eine Abbildung $\varphi : S \to S'$ heißt dann *messbar*, genauer $\mathcal{A}$-$\mathcal{A}'$-*messbar*, falls Urbilder von messbaren Mengen wieder messbar sind, falls also gilt

$$\varphi^{-1}(A') \in \mathcal{A} \quad \text{für alle } A' \in \mathcal{A}'.$$

© Springer Basel AG 2019
M. Brokate und G. Kersting, *Maß und Integral*, Mathematik Kompakt,
https://doi.org/10.1007/978-3-0348-0988-7_2

Normalerweise ist klar, welche σ-Algebra $\mathcal{A}$ auf einer Grundmenge S gemeint ist, welches also die messbaren Teilmengen von S sind. Wir werden deswegen später die zugehörige σ-Algebra nicht immer explizit benennen.

Beispiel (Spur-σ-Algebra)

Ist S_1 messbare Teilmenge in einem messbaren Raum $(S, \mathcal{A})$, so bildet das Mengensystem $\mathcal{A}_1 := \{A \subset S_1 \ : \ A \in \mathcal{A}\}$ offenbar eine σ-Algebra auf S_1. Sie heißt die *Spur-σ-Algebra* von $\mathcal{A}$ auf S_1. Eine Abbildung $\varphi : S \to S'$ ist genau dann $\mathcal{A}$-$\mathcal{A}'$-messbar, wenn die Einschränkungen von φ auf S_1 und $S_2 := S_1^c$ messbar sind, und zwar bezüglich der beiden Spur-σ-Algebren $\mathcal{A}_1$ und $\mathcal{A}_2$. Dies folgt mit Hilfe der Formel

$$\varphi^{-1}(A') = (\varphi^{-1}(A') \cap S_1) \cup (\varphi^{-1}(A') \cap S_2).$$

Satz 2.1 (Komposition messbarer Abbildungen) *Seien* $(S, \mathcal{A}), (S', \mathcal{A}')$ *und* $(S'', \mathcal{A}'')$ *messbare Räume, und seien* $\varphi : S \to S'$ *eine* $\mathcal{A}$-$\mathcal{A}'$-messbare *und* $\psi : S' \to S''$ *eine* $\mathcal{A}'$-$\mathcal{A}''$-messbare *Abbildung. Dann ist* $\psi \circ \varphi : S \to S''$ *eine* $\mathcal{A}$-$\mathcal{A}''$-messbare *Abbildung.*

Beweis Ist A'' messbare Teilmenge von S'', so ist nach Annahme $A' := \psi^{-1}(A'')$ messbar in S' und folglich $(\psi \circ \varphi)^{-1}(A'') = \varphi^{-1}(A')$ messbar in S. $\qquad\square$

2.1   Erzeuger von σ-Algebren, Borel-σ-Algebren

In einer abzählbaren Menge S wählt man die σ-Algebra gewöhnlich als die Potenzmenge, als die Menge aller Teilmengen von S. Für überabzählbare Mengen hat sich dieses Vorgehen jedoch als ungeeignet erwiesen. Stattdessen legt man dann σ-Algebren durch Erzeuger fest.

Definition

Ein System $\mathcal{E}$ von Teilmengen von S heißt *Erzeuger* der σ-Algebra $\mathcal{A}$ in S, falls $\mathcal{A}$ die kleinste σ-Algebra in S ist, die $\mathcal{E}$ umfasst (falls also für jede σ-Algebra $\widetilde{A}$ auf S mit $\widetilde{A} \supset \mathcal{E}$ auch $\widetilde{A} \supset \mathcal{A}$ gilt). $\mathcal{A}$ heißt *die von $\mathcal{E}$ erzeugte σ-Algebra,* wir schreiben $\mathcal{A} = \sigma(\mathcal{E})$.

Jedes Teilmengensystem erzeugt eine σ-Algebra.

Satz 2.2 (Erzeugte σ-Algebren) *Zu jedem System $\mathcal{E}$ von Teilmengen in* S *gibt es eine kleinste σ-Algebra, die $\mathcal{E}$ umfasst. Sie ist gegeben als der Durchschnitt aller $\mathcal{E}$ umfassenden σ-Algebren:*

$$\sigma(\mathcal{E}) = \{A \subset S : A \in \widetilde{\mathcal{A}} \ f\ddot{u}r \ jede \ \sigma\text{-}Algebra \ \widetilde{\mathcal{A}} \ in \ S \ mit \ \widetilde{\mathcal{A}} \supset \mathcal{E}\}.$$

Beweis Das System aller $\mathcal{E}$ umfassenden σ-Algebren ist nichtleer, denn das System *aller* Teilmengen von S ist eine solche σ-Algebra. Deren Durchschnitt $\mathcal{A}$ ist dann ebenfalls eine σ-Algebra. In der Tat: Gilt $A \in \mathcal{A}$, so bedeutet dies $A \in \widetilde{\mathcal{A}}$ für alle σ-Algebren $\widetilde{\mathcal{A}} \supset \mathcal{E}$. Es folgt $A^c \in \widetilde{\mathcal{A}}$ für alle $\widetilde{\mathcal{A}} \supset \mathcal{E}$ und damit $A^c \in \mathcal{A}$. Die anderen Eigenschaften einer σ-Algebra folgen analog. Außerdem gilt offenbar $\mathcal{A} \supset \mathcal{E}$ sowie $\mathcal{A} \subset \widetilde{\mathcal{A}}$ für jede σ-Algebra $\widetilde{\mathcal{A}} \supset \mathcal{E}$. Dies ist die Behauptung. □

Das Arbeiten mit erzeugten σ-Algebren geschieht mit den folgenden Aussagen.

Satz 2.3 (Gleichheit von σ-Algebren) *Seien $\mathcal{E}_1$ und $\mathcal{E}_2$ Erzeuger der σ-Algebren $\mathcal{A}_1$ bzw. $\mathcal{A}_2$ in* S. *Dann gilt $\mathcal{A}_1 = \mathcal{A}_2$, falls $\mathcal{E}_1 \subset \mathcal{A}_2$ und $\mathcal{E}_2 \subset \mathcal{A}_1$.*

Beweis Aus $\mathcal{E}_1 \subset \mathcal{A}_2$ folgt nämlich $\mathcal{A}_1 \subset \mathcal{A}_2$, und umgekehrt. □

Satz 2.4 (Messbarkeitskriterium) *Seien* (S, $\mathcal{A}$), (S', $\mathcal{A}'$) *messbare Räume, und sei $\mathcal{E}'$ ein Erzeuger von $\mathcal{A}'$. Dann ist $\varphi : S \to S'$ eine $\mathcal{A}$-$\mathcal{A}'$-messbare Abbildung, falls gilt*

$$\varphi^{-1}(A') \in \mathcal{A} \quad f\ddot{u}r \ alle \ A' \in \mathcal{E}'.$$

Beweis $\widetilde{\mathcal{A}} := \{A' \in \mathcal{A}' : \varphi^{-1}(A') \in \mathcal{A}\}$ ist, wie eine kurze Rechnung zeigt, eine σ-Algebra. Nach Annahme gilt $\mathcal{E}' \subset \widetilde{\mathcal{A}} \subset \mathcal{A}'$. Da $\mathcal{A}'$ die kleinste σ-Algebra ist, die $\mathcal{E}'$ umfasst, folgt $\widetilde{\mathcal{A}} = \mathcal{A}'$. Dies ist die Behauptung. □

Besonders häufig betrachtet man die σ-Algebra, die von den offenen Teilmengen in einem Euklidischen Raum oder allgemeiner einem metrischen Raum erzeugt wird.

Definition

Sei (S, d) ein metrischer Raum mit Metrik d und sei $\mathcal{O}$ das System seiner offenen Teilmengen. Als seine *Borel-σ-Algebra* bezeichnet man $\mathcal{B} := \sigma(\mathcal{O})$, die von den offenen Teilmengen erzeugte σ-Algebra. Deren Elemente nennt man *Borelmengen*. Eine Abbildung zwischen zwei metrischen Räumen heißt *borelmessbar,* wenn sie bzgl. der Borel-σ-Algebren messbar ist.

Auch in einem topologischen Raum heißt die von den offenen Mengen erzeugte σ-Algebra die Borel-σ-Algebra. Wir beschränken uns hier auf metrische Räume, bei denen die Verhältnisse übersichtlich bleiben.

Damit verfügen wir nun über ein höchst indirektes Konstruktionsprinzip für messbare Mengen. Die Methode gibt im allgemeinen keinen Anhaltspunkt, welches genau die Teilmengen von S sind, die zu $\sigma(\mathcal{E})$ bzw. $\sigma(\mathcal{O})$ gehören. Sie lassen sich nicht individuell charakterisieren (wie etwa die offenen Mengen in einem metrischen Raum). Das erweist sich aber nicht als gravierend: Statt mit den einzelnen Mengen arbeitet man mit den Mengensystemen.

Beispiele

1. In Anbetracht von Satz 2.3 werden Borel-σ-Algebren auch von allen abgeschlossenen Teilmengen (den Komplementärmengen der offenen Mengen) erzeugt.

2. Jede stetige Abbildung zwischen zwei metrischen Räumen ist borelmessbar. Dies folgt aus Satz 2.4, denn für stetige Abbildungen sind die Urbilder von offenen Mengen wieder offen und damit Borelmengen.

3. Die Borel-σ-Algebra des euklidischen Raumes $\mathbb{R}^d$ bezeichnen wir mit $\mathcal{B}^d$. Sie wird auch vom System aller d-dimensionalen, offenen Intervalle der Gestalt

$$(-\infty, b) := (-\infty, b_1) \times \cdots \times (-\infty, b_d), \quad b = (b_1, \ldots, b_d) \in \mathbb{R}^d$$

erzeugt. Aus diesen Intervallen läßt sich nämlich jedes endliche, halboffene Intervall $[a, b) = [a_1, b_1) \times \cdots \times [a_d, b_d)$ gewinnen, gemäß

$$[a, b) = (-\infty, b) \backslash \bigcup_{i=1}^{d} (-\infty, c_i)$$

mit $c_i := (b_1, \ldots, b_{i-1}, a_i, b_{i+1}, \ldots, b_d)$, und damit auch jede offene Menge O als abzählbare Vereinigung von halboffenen Intervallen, gemäß

$$O = \bigcup \{[a, b) : [a, b) \subset O, a, b \in \mathbb{Q}^d\},$$

denn da die rationalen Zahlen dicht in $\mathbb{R}$ liegen, gibt es bei einer offenen Menge O für jedes $x \in O$ ein Intervall $[a, b)$ mit $x \in [a, b) \subset O$ und $a, b \in \mathbb{Q}^d$. – Es bilden also auch die endlichen halboffenen Intervalle $[a, b)$ einen Erzeuger der Borel-σ-Algebra.

Genauso wird $\mathcal{B}^d$ von allen endlichen offenen oder allen endlichen abgeschlossenen Intervallen erzeugt, und auch von allen Intervallen $(-\infty,\ b]$, $b \in \mathbb{R}^d$.

4. Also ist auch jede monotone Abbildung $\varphi : \mathbb{R} \to \mathbb{R}$ borelmessbar, denn das Urbild eines Intervalls unter φ ist dann wieder ein Intervall und damit eine Borelmenge.

5. Sei $\varphi_1, \varphi_2, \ldots$ eine unendliche Folge von messbaren Abbildungen von einem messbaren Raum S mit σ-Algebra $\mathcal{A}$ in einen metrischen Raum S' mit Metrik d und Borel-σ-Algebra $\mathcal{B}$. Wir nehmen an, dass die Folge punktweise gegen eine Abbildung $\varphi : S \to S'$ konvergiert, also $d(\varphi_n(x),\ \varphi(x)) \to 0$ für alle $x \in S$ gilt. Dann ist auch φ messbar. Sei nämlich $B \subset S'$, sei $\varepsilon > 0$ und sei $U_\varepsilon(B) := \{y \in S' : d(y, z) < \varepsilon$ für ein $z \in B\}$ die „offene ε-Umgebung" von B. Ist dann B abgeschlossen, so gilt für jede Nullfolge $\varepsilon_1 \geq \varepsilon_2 \geq \cdots > 0$

$$\varphi^{-1}(B) = \bigcap_{k=1}^{\infty} \{x \in S : \varphi_n(x) \in U_{\varepsilon_k}(B) \text{ bis auf endlich viele } n\}$$

$$= \bigcap_{k=1}^{\infty} \bigcup_{m=1}^{\infty} \{x \in S : \varphi_n(x) \in U_{\varepsilon_k}(B) \text{ für alle } n \geq m\}$$

$$= \bigcap_{k=1}^{\infty} \bigcup_{m=1}^{\infty} \bigcap_{n=m}^{\infty} \varphi_n^{-1}(U_{\varepsilon_k}(B)) \in \mathcal{A},$$

und die Behauptung folgt aus Satz 2.4. – Diese Konvergenzaussage ist eine Eigenschaft, die messbare Funktionen vor anderen Klassen von Funktionen (wie stetige Funktionen) auszeichnet (vgl. dazu Aufgabe 7.4).

σ-Algebren lassen sich auch mittels Abbildungen erzeugen.

Definition

Seien $(S_i,\ \mathcal{A}_i)$, $i \in I$, messbare Räume und seien $\psi_i : S' \to S_i$, $i \in I$, Abbildungen. Dann heißt die kleinste σ-Algebra $\mathcal{A}'$ in S', bzgl. der die ψ_i alle $\mathcal{A}'$-$\mathcal{A}_i$-messbare Abbildungen sind, die *von* (ψ_i) *erzeugte σ-Algebra*. Sie wird mit $\mathcal{A}' = \sigma(\psi_i, i \in I)$ bezeichnet.

Die σ-Algebra $\sigma(\psi_i, i \in I)$ wird von $\mathcal{E}' = \bigcup_{i \in I} \{\psi_i^{-1}(A_i) : A_i \in \mathcal{A}_i\}$ erzeugt.

Beispiel

Die Borel-σ-Algebra $\mathcal{B}$ in einem metrischen Raum S mit Metrik d stimmt mit der von allen stetigen Funktionen $\psi : S \to \mathbb{R}$ erzeugten σ-Algebra $\mathcal{B}'$ überein. Einerseits sind stetige Funktionen borelmessbar, also gilt $\mathcal{B}' \subset \mathcal{B}$. Andererseits ist für alle Teilmengen $B \subset S$ die Funktion $x \mapsto \psi_B(x) := \inf\{d(x, z) : z \in B\}$ (der „Abstand" zwischen x und B) eine stetige Funktion von S nach $\mathbb{R}$, denn es gilt $|\psi_B(x) - \psi_B(y)| \leq d(x, y)$. Für abgeschlossenes B gilt zudem $x \in B \Leftrightarrow \psi_B(x) = 0$, also $B = \psi_B^{-1}(\{0\})$. Daher enthält $\mathcal{B}'$ alle abgeschlossenen Mengen, und nach Satz 2.3 erhalten wir $\mathcal{B} \subset \mathcal{B}'$.

Die dem Messbarkeitskriterium entsprechende Aussage lautet hier wie folgt.

Satz 2.5 *Seien* $(S, \mathcal{A})$, $(S', \mathcal{A}')$ *und* $(S_i, \mathcal{A}_i)$, $i \in I$, *messbare Räume und sei* $\mathcal{A}'$ *von den Abbildungen* $\psi_i : S' \to S_i$, $i \in I$, *erzeugt. Dann ist eine Abbildung* $\varphi \colon S \to S'$ *genau dann* $\mathcal{A}$-$\mathcal{A}'$-*messbar, wenn* $\psi_i \circ \varphi$ *für alle* i $\mathcal{A}$-$\mathcal{A}_i$-*messbar ist.*

Beweis Die eine Richtung folgt aus dem Satz über die Komposition von messbaren Abbildungen. Sei umgekehrt $\psi_i \circ \varphi$ für alle i messbar, also $(\psi_i \circ \varphi)^{-1}(A_i) \in \mathcal{A}$ für alle $A_i \in \mathcal{A}_i$. Dies bedeutet $\varphi^{-1}(A') \in \mathcal{A}$ für alle $A' = \psi_i^{-1}(A_i)$ mit $A_i \in \mathcal{A}_i$. Diese Mengen A' erzeugen die σ-Algebra $\mathcal{A}'$. Die Messbarkeit von φ folgt daher aus dem Messbarkeitskriterium. $\square$

2.2   Produkträume

Wir wenden nun unsere Konstruktionsmethode für σ-Algebren auf endliche oder abzählbar unendliche kartesische Produkte

$$S_\times = \prod_{n \geq 1} S_n = S_1 \times S_2 \times \cdots$$

an. Seien $\mathcal{A}_1, \mathcal{A}_2, \cdots$ σ-Algebren auf $S_1, S_2, \cdots$ Dann nennen wir Teilmengen von $S_\times$ der Gestalt

$$A_1 \times A_2 \times \cdots \quad \text{mit} \quad A_n \in \mathcal{A}_n$$

messbare Quader.

Definition

Die von allen messbaren Quadern erzeugte σ-Algebra $\mathcal{A}_\otimes$ in $S_\times$ heißt *Produkt-σ-Algebra* der $\mathcal{A}_1, \mathcal{A}_2, \ldots$. Man nennt $(S_\times, \mathcal{A}_\otimes)$ den *Produktraum* der $(S_n, \mathcal{A}_n)$ und schreibt

$$\mathcal{A}_\otimes = \bigotimes_{n \geq 1} \mathcal{A}_n = \mathcal{A}_1 \otimes \mathcal{A}_2 \otimes \cdots .$$

Gilt speziell $S_1 = S_2 = \cdots = S$ und $\mathcal{A}_1 = \mathcal{A}_2 = \cdots = \mathcal{A}$, so schreiben wir

$$S^d \text{ und } \mathcal{A}^d$$

anstelle von $S_\times$ und $\mathcal{A}_\otimes$. d bezeichnet die Länge der Folge $S_1, S_2, \ldots$ Der Fall $d = \infty$ ist eingeschlossen; S^∞ ist nichts anderes als die Menge der unendlichen Folgen in S.

Alternativ kann man die Produkt-σ-Algebra beschreiben mit Hilfe der *Projektionsabbildungen* $\pi_i : S_\times \to S_i, i \geq 1$, gegeben durch

$$\pi_i(x_1, x_2, \ldots) := x_i.$$

Wegen $\pi_i^{-1}(A_i) = S_1 \times \cdots \times S_{i-1} \times A_i \times S_{i+1} \times \cdots$ ist π_i eine $\mathcal{A}_\otimes$-$\mathcal{A}_i$-messbare Abbildung. Weiter gilt $A_1 \times A_2 \times \cdots = \pi_1^{-1}(A_1) \cap \pi_2^{-1}(A_2) \cap \cdots$, daher läßt sich die Produkt-σ-Algebra auch als die von allen Projektionsabbildungen erzeugte σ-Algebra charakterisieren:

$$\mathcal{A}_\otimes = \sigma(\pi_i, i \geq 1).$$

Beispiel (Euklidische Räume)

Die σ-Algebra $\mathcal{B}^d$ im $\mathbb{R}^d, 2 \leq d < \infty$, kann man wahlweise als Borel-σ-Algebra (also als von den offenen Mengen erzeugt) oder als Produkt-σ-Algebra auffassen, denn auf $\mathbb{R}^d = \mathbb{R}^{d_1} \times \cdots \times \mathbb{R}^{d_k}, d = d_1 + \cdots + d_k$, gilt die Formel

$$\mathcal{B}^d = \mathcal{B}^{d_1} \otimes \cdots \otimes \mathcal{B}^{d_k}.$$

Zum *Beweis* beachten wir, dass jede offene Menge $O \subset \mathbb{R}^d$ abzählbare Vereinigung von messbaren Quadern ist, z. B. wie oben

$$O = \bigcup \{[a, b) : [a, b) \subset O, a, b \in \mathbb{Q}^d\}.$$

Daher gehört O zur Produkt-σ-Algebra. Da $\mathcal{B}^d$ die kleinste σ-Algebra ist, die alle offenen Mengen enthält, folgt $\mathcal{B}^d \subset \mathcal{B}^{d_1} \otimes \cdots \otimes \mathcal{B}^{d_k}$. – Umgekehrt sind die Projektionsabbildungen $\pi_i : \mathbb{R}^d \to \mathbb{R}^{d_i}$ stetig und damit $\mathcal{B}^d$-$\mathcal{B}^{d_i}$-messbar, und es folgt $\mathcal{B}^{d_1} \otimes \cdots \otimes \mathcal{B}^{d_k} = \sigma(\pi_1, \ldots, \pi_k) \subset \mathcal{B}^d$.

Beispiel (Die erweiterte reelle Achse)

Wenn man Suprema und Infima von abzählbar vielen messbaren reellen Funktionen betrachtet, ist es günstig, den Wertebereich zu erweitern und zu $\bar{\mathbb{R}} := \mathbb{R} \cup \{\infty, -\infty\}$ überzugehen. Wir versehen $\bar{\mathbb{R}}$ mit der σ-Algebra

$$\bar{\mathcal{B}} := \{B \subset \bar{\mathbb{R}} \mid B \cap \mathbb{R} \text{ ist Borelmenge in } \mathbb{R}\},$$

die *Borel-σ-Algebra* in $\bar{\mathbb{R}}$ heißt (vgl. dazu Aufgabe 2.6), und $\bar{\mathbb{R}}^d$ mit der Produkt-σ-Algebra $\bar{\mathcal{B}}^d$. d kann hier eine natürliche Zahl sein, wir lassen aber auch $d = \infty$ zu. Dann sind die Funktionen

$$\sup : \bar{\mathbb{R}}^d \to \bar{\mathbb{R}}, \quad \inf : \bar{\mathbb{R}}^d \to \bar{\mathbb{R}},$$

die jeder endlichen oder unendlichen Folge $x_1, x_2, \ldots$ ihr Supremum bzw. Infimum zuordnen, $\bar{\mathcal{B}}^d$-$\bar{\mathcal{B}}$-messbar. Dies folgt aus

$$\sup{}^{-1}([-\infty, x]) = [-\infty, x] \times [-\infty, x] \times \cdots,$$
$$\inf{}^{-1}([x, \infty]) = [x, \infty] \times [x, \infty] \times \cdots,$$

dem Messbarkeitskriterium und der Tatsache, dass $\bar{\mathcal{B}}$ (ähnlich wie die Borel-σ-Algebra auf der reellen Achse) von den Intervallen $[-\infty, x]$ erzeugt wird, und genauso von den Intervallen $[x, \infty]$.

Der Preis, den es hier zu zahlen gibt, ist, dass man die Elemente von $\bar{\mathbb{R}}$ nicht mehr umstandslos subtrahieren und dividieren kann, ohne sich in Widersprüche zu verwickeln. Unproblematisch sind die Regeln

$$\infty + \infty := \infty, \quad 0 \cdot \infty := 0, \quad a \cdot \infty := \infty \text{ für } a > 0, \quad (-1) \cdot \infty = -\infty,$$

wir werden sie im Folgenden verwenden. Dagegen muss man sich vor den Ausdrücken

$$\infty - \infty, \quad \frac{\infty}{\infty}$$

hüten, sie bleiben undefiniert.

Produkt-σ-Algebren haben die wichtige Eigenschaft, dass zusammengesetzte Abbildungen in ein kartesisches Produkt genau dann messbar sind, wenn dies für alle ihre Komponenten gilt.

Satz 2.6 *Sei* $(S, \mathcal{A})$ *ein messbarer Raum und seien* $\varphi_i : S \to S_i$ *Abbildungen,* $i \geq 1$. *Dann ist die Abbildung* $\varphi := (\varphi_1, \varphi_2, \ldots)$ *von* S *nach* $S_\times$ *genau dann* $\mathcal{A}$-$\mathcal{A}_\otimes$- *messbar, wenn alle* φ_i $\mathcal{A}$-$\mathcal{A}_i$-*messbar sind.*

Beweis Dies ist ein Spezialfall des vorhergehenden Satzes, denn $\varphi_i = \pi_i \circ \varphi$. $\qquad\square$

2.3   Reelle Funktionen

Zusammenfassend stellen wir fest:

Satz 2.7 *Sind* $(S, \mathcal{A})$, $(S_i, \mathcal{A}_i)$, $i \geq 1$, $(S', \mathcal{A}')$ *messbare Räume und sind die Abbildungen* $\varphi_i : S \to S_i$ $\mathcal{A}$-$\mathcal{A}_i$-*messbar und* $\psi : S_1 \times S_2 \times \cdots \to S'$ $\mathcal{A}_\otimes$-$\mathcal{A}'$- *messbar, dann ist* $\psi \circ (\varphi_1, \varphi_2, \ldots)$ $\mathcal{A}$-$\mathcal{A}'$-*messbar.*

Damit lässt sich nun die Messbarkeit einer Anzahl von Abbildungen und Mengen feststellen. Wir führen dies für den besonders wichtigen Fall von Funktionen mit Werten in $\mathbb{R}$ und $\bar{\mathbb{R}} = [-\infty, \infty]$ vor ($\mathbb{R}^d$ und $\bar{\mathbb{R}}$ werden immer mit den Borel-σ-Algebren $\mathcal{B}^d$ bzw. $\bar{\mathcal{B}}$ versehen).

Die einfachsten Funktionen sind hier die charakteristischen Funktionen 1_A von Teilmengen $A \subset S$, die auf A den Wert 1 und auf A^c den Wert 0 annehmen. 1_A ist genau dann eine messbare Funktion, wenn A eine messbare Teilmenge ist.

Seien nun $f, g : S \to \mathbb{R}$ messbare Funktionen und seien $\alpha, \beta \in \mathbb{R}$. Dann ist auch die Linearkombination $\alpha f + \beta g$ eine messbare Funktion. Dies folgt aus der Darstellung

$$\alpha f + \beta g = \varphi \circ (f, g),$$

wobei $\varphi(x, y) := \alpha x + \beta y$ aufgrund von Stetigkeit eine borelmessbare Abbildung von $\mathbb{R}^2$ nach $\mathbb{R}$ ist. Genauso erhält man die Messbarkeit von

$$f \cdot g, \quad \max(f, g), \quad \min(f, g)$$

und für jedes messbare f auch die Messbarkeit von

$$f^+ := \max(f, 0), \quad f^- := \max(-f, 0), \quad |f| = f^+ + f^-.$$

Die Messbarkeit der Menge

$$\{f = g\} := \{x \in S : f(x) = g(x)\}$$

für messbare Funktionen $f, g : S \to \mathbb{R}$ ergibt sich aus $\{f = g\} = (f_1, f_2)^{-1}(D)$ mit der „Diagonalen" $D := \{(x, y) \in \mathbb{R}^2 : x = y\}$, denn D ist als abgeschlossene Teilmenge des $\mathbb{R}^2$ borelmessbar. Analog erhält man die Messbarkeit von Mengen wie

$$\{f \leq g\} := \{x \in S : f(x) \leq g(x)\}$$

oder $\{f \neq g\}$, $\{f < g\}$.

Genauso lassen sich unendliche Folgen $f_1, f_2, \ldots$ messbarer Funktionen von S nach $\mathbb{R}$ zu neuen messbaren Funktionen kombinieren, wobei man gegebenenfalls $\mathbb{R}$ zu $\bar{\mathbb{R}}$ erweitert. Wir haben gezeigt, dass die Abbildungen $\sup, \inf : \bar{\mathbb{R}}^\infty \to \bar{\mathbb{R}}$ messbar sind, deswegen sind mit $f_1, f_2, \ldots$ auch deren punktweises Supremum und Infimum

$$\sup_{n \geq 1} f_n = \sup \circ (f_1, f_2, \ldots), \quad \inf_{n \geq 1} f_n = \inf \circ (f_1, f_2, \ldots)$$

messbar. Es folgt die Messbarkeit der Funktionen

$$\limsup_{n \to \infty} f_n = \inf_{m \geq 1} \sup_{n \geq m} f_n, \quad \liminf_{n \to \infty} f_n = \sup_{m \geq 1} \inf_{n \geq m} f_n,$$

des punktweisen Limes superior und Limes inferior. Auch $\{\lim_n f_n \text{ existiert}\}$ ist eine messbare Menge, denn

$$\{\lim_n f_n \text{ existiert}\} = \{\limsup_n f_n = \liminf_n f_n\} \cap \{-\infty < \limsup_n f_n < \infty\}.$$

Ist die Folge $f_1, f_2, \ldots$ punktweise konvergent, so gilt $\lim_n f_n = \limsup_n f_n$, und $\lim_n f_n$ ist eine messbare Funktion. Diese Eigenschaft von messbaren Abbildungen haben wir bereits kennengelernt.

Für die Integrationstheorie wird die folgende Charakterisierung von messbaren *nichtnegativen Funktionen* wichtig. Damit werden wir später Eigenschaften des Integrals auf alle messbaren Funktionen übertragen. Unter nichtnegativen Funktionen verstehen wir immer Funktionen mit Werten in $\bar{\mathbb{R}}_+ = [0, \infty]$.

Satz 2.8 (Monotonieprinzip) *Sei* $(S, \mathcal{A})$ *messbarer Raum und sei* $\mathcal{K}$ *eine Menge von Funktionen* $f : S \to \bar{\mathbb{R}}_+$. *Erfüllt* $\mathcal{K}$ *die Eigenschaften*

(i) $f, g \in \mathcal{K}, \alpha, \beta \in \mathbb{R}_+ \quad \Rightarrow \quad \alpha f + \beta g \in \mathcal{K}$,
(ii) $f_1, f_2, \ldots \in \mathcal{K}, f_1 \leq f_2 \leq \cdots \quad \Rightarrow \quad \sup_n f_n \in \mathcal{K}$,
(iii) $1_A \in \mathcal{K}$ *für alle* $A \in \mathcal{A}$,

so enthält $\mathcal{K}$ *alle nichtnegativen messbaren Funktionen auf* S *(mit Werten also in* $\bar{\mathbb{R}}_+$*)*.

Beweis Sei $f : S \to \bar{\mathbb{R}}_+$ messbar. Dann gehören für alle natürlichen Zahlen k, n die Mengen $A_{k,n} := \{k2^{-n} < f \leq (k+1)2^{-n}\}$ zu $\mathcal{A}$. Die Funktionen

$$f_n := \sum_{k=1}^{n2^n} \frac{k}{2^n} 1_{A_{k,n}} + n1_{\{f=\infty\}}$$

gehören nach (i) und (iii) folglich zu $\mathcal{K}$.

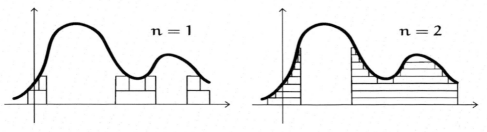

Es gilt $f_1 \leq f_2 \leq \cdots$ und $\sup_{n\geq 1} f_n = f$, deshalb folgt nach (ii) wie behauptet $f \in \mathcal{K}$. $\quad\square$

Übungsaufgaben

Aufgabe 2.1 Sei S eine Menge. Welches ist die von allen einelementigen Teilmengen erzeugte σ-Algebra? Welches sind dann die messbaren Abbildungen $f : S \to \mathbb{R}$?

Aufgabe 2.2 Sei E_1, E_2, ... eine Partition von S, also eine Folge disjunkter Teilmengen von S mit $\bigcup_{n \geq 1} E_n = S$. Sei weiter $\mathcal{A}$ die von diesen Mengen erzeugte σ-Algebra. Geben Sie alle Mengen an, die zu $\mathcal{A}$ gehören.

Aufgabe 2.3 Seien $\mathcal{A}_1$, $\mathcal{A}_2$ zwei σ-Algebren auf S. Ist dann $\mathcal{A}_1 \cap \mathcal{A}_2$ eine σ-Algebra? Wie steht es mit $\mathcal{A}_1 \cup \mathcal{A}_2$?
Hinweis: Gegenbeispiele lassen sich mit σ-Algebren aus 4 Elementen konstruieren.

Aufgabe 2.4 Zeigen Sie: Die σ-Algebra $\bar{\mathcal{B}}$ auf $\bar{\mathbb{R}}$ wird von den Intervallen $[-\infty, \, b]$, $b \in \mathbb{R}$, erzeugt.

Aufgabe 2.5 Sei S ein metrischer Raum mit Metrik d. Zeigen Sie:

  (i) Jede abgeschlossene Menge $F \subset S$ ist Durchschnitt von abzählbar vielen offenen Mengen (man sagt, F ist eine G_δ-Menge).
 (ii) Die Borel-σ-Algebra in S ist das kleinste Mengensystem $\mathcal{B}'$, das alle offenen Mengen umfasst und mit jeder Folge B_1, B_2, ... auch $\bigcup_{n \geq 1} B_n$ und $\bigcap_{n \geq 1} B_n$ enthält.
      Hinweis: Betrachten Sie das Mengensystem $\{B \in \mathcal{B}' : B^c \in \mathcal{B}'\}$.

Aufgabe 2.6 Sei $m : \bar{\mathbb{R}} \to \mathbb{R}$ strikt monoton und beschränkt. Zeigen Sie, dass durch $\bar{d}(x, y) := |m(x) - m(y)|$ eine Metrik $\bar{d}$ auf $\bar{\mathbb{R}}$ gegeben ist und dass $\bar{\mathcal{B}}$ die zugehörige Borel-σ-Algebra ist.
Hinweis: Das System der offenen Mengen $O \subset \bar{\mathbb{R}}$ hängt davon ab, ob und wo m Sprungstellen hat!

Aufgabe 2.7 (Der Graph einer messbaren Abbildung) Seien $\varphi, \psi, \psi' : S \to S'$ alle $\mathcal{A}$-$\mathcal{A}'$-messbaren Abbildungen, und sei $D := \{(x, \, y) \in S' \times S' \, : \, x = y\}$, die „Diagonale", ein Element von $\mathcal{A}' \otimes \mathcal{A}'$. Zeigen Sie $\{\psi = \psi'\} \in \mathcal{A}$ und folgern Sie

$$\{(x, y) \in S \times S' : y = \varphi(x)\} \in \mathcal{A} \otimes \mathcal{A}'.$$

Aufgabe 2.8 Sei S überabzählbar und $\mathcal{A} := \{A \subset S : A \text{ oder } A^c \text{ ist abzählbar}\}$. Zeigen Sie:

(i) $\mathcal{A}$ ist eine σ-Algebra.

(ii) Für jedes $A' \in \mathcal{A} \otimes \mathcal{A}$ ist entweder A' oder $(A')^c$ dünn. Dabei nennen wir $A' \subset S^2$ „dünn", falls $A' \subset (A \times S) \cup (S \times A)$ für ein abzählbares $A \subset S$.

(iii) Die Diagonale $D := \{(x, y) \in S \times S : x = y\}$ gehört nicht zu $\mathcal{A} \otimes \mathcal{A}$.

Aufgabe 2.9 Eine Funktion $g : \mathbb{R}^d \to \bar{\mathbb{R}}$ heißt oberhalbstetig, falls

$$\limsup_{y \to x} g(y) \le g(x)$$

für alle $x \in \mathbb{R}^d$ gilt. Zeigen Sie:

(i) g ist genau dann oberhalbstetig, wenn für alle reellen Zahlen a die Menge $\{g < a\} := \{x \in \mathbb{R}^d : g(x) < a\}$ offen ist.

(ii) Oberhalbstetige Funktionen sind borelmessbar.

(iii) Für jede (nicht notwendig messbare) Funktion $f : \mathbb{R}^d \to \mathbb{R}$ sind

$$g(x) := \lim_{\varepsilon \downarrow 0} \sup_{|y-x| \le \varepsilon} f(y), \quad h(x) := \lim_{\varepsilon \downarrow 0} \inf_{|y-x| \le \varepsilon} f(y), \quad x \in \mathbb{R},$$

oberhalbstetig bzw. unterhalbstetig (d. h. $-h$ oberhalbstetig). Folgern Sie: Die Menge $C \subset \mathbb{R}^d$ der Stetigkeitspunkte von f ist eine Borelmenge und $f1_C$ ist borelmessbar.

(iv) Eine Funktion $f : \mathbb{R}^d \to \mathbb{R}$ mit abzählbar vielen Unstetigkeitspunkten ist borelmessbar.

Maße

3

Messbare Räume dienen uns dazu, Maße zu definieren.

Definition

Sei $(S, \mathcal{A})$ ein messbarer Raum. Eine Abbildung μ, die jedem $A \in \mathcal{A}$ als Wert eine Zahl $\mu(A) \geq 0$ zuordnet, möglicherweise auch den Wert ∞, heißt *Maß,* falls gilt:

(i) $\mu(\emptyset) = 0$,

(ii) σ-Additivität: Es gilt $\mu\left(\bigcup_{n \geq 1} A_n\right) = \sum_{n \geq 1} \mu(A_n)$ für jede endliche oder unendliche Folge $A_1, A_2, \ldots$ von paarweise disjunkten messbaren Mengen.

Das Tripel $(S, \mathcal{A}, \mu)$ heißt dann *Maßraum.* Gilt $\mu(S) = 1$, so heißt μ *Wahrscheinlichkeitsmaß (W-Maß)*. Allgemeiner heißt μ *endlich*, falls $\mu(S) < \infty$, und σ-*endlich*, falls es messbare Mengen $A_1 \subset A_2 \subset \cdots$ gibt, so dass $\bigcup_{n \geq 1} A_n = S$ und $\mu(A_n) < \infty$ für alle n gilt.

In der Einleitung haben wir uns bei Maßen μ an der Vorstellung orientiert, dass $\mu(A)$ das Volumen der Menge A ist. Man kann bei μ auch an eine Masseverteilung in S denken, dann ist $\mu(A)$ die Masse von A. In der Wahrscheinlichkeitstheorie interpretiert man die Elemente A der σ-Algebra als beobachtbare Ereignisse mit Eintrittswahrscheinlichkeiten $\mu(A)$.

σ-endliche Maße sind aus zwei Gründen interessant. Erstens sind einige wichtige Maße σ-endlich, wie das Lebesguemaß auf dem $\mathbb{R}^d$, das wir bald ansprechen werden. Zweitens übertragen sich Eigenschaften von endlichen Maßen häufig auf den σ-endlichen Fall. Dies gelingt, indem man für ein σ-endliches Maß μ zu den endlichen Maßen μ_n, gegeben durch $\mu_n(\cdot) := \mu(\cdot \cap A_n)$ übergeht und dann den Grenzübergang $n \to \infty$ vollzieht. Häufig bietet dies keinerlei Schwierigkeiten, so dass man auf Details verzichten kann.

© Springer Basel AG 2019
M. Brokate und G. Kersting, *Maß und Integral*, Mathematik Kompakt,
https://doi.org/10.1007/978-3-0348-0988-7_3

Beispiele

1. Ein *Dirac*-Maß[1] ist ein W-Maß, dessen Gesamtmasse in einem einzigen Punkt kon-
    zentriert ist. Das Dirac-Maß δ_x im Punkt $x \in S$ eines messbaren Raumes ist definiert
    als

    $$\delta_x(A) := \begin{cases} 1, \text{ falls } x \in A, \\ 0, \text{ falls } x \notin A. \end{cases}$$

    Es nimmt nur die Werte 0 und 1 an.

2. Ein Maß μ heißt *diskret*, wenn es seine Gesamtmasse in einer abzählbaren messbaren
    Menge konzentriert, wenn also $\mu(C^c) = 0$ gilt mit abzählbarem $C \subset S$. Dann ist μ
    durch seine *Gewichte* $\mu_x := \mu(\{x\})$, $x \in C$, gegeben, gemäß der Formel

    $$\mu(A) = \sum_{x \in A \cap C} \mu_x.$$

    Umgekehrt erhält man aus jeder Familie $(\mu_x)_{x \in C}$ von nichtnegativen Zahlen mit dieser
    Formel ein diskretes Maß μ.

Der folgende Satz fasst wesentliche Eigenschaften von Maßen zusammen. Wir schreiben
für Mengen $A, A_1, A_2, \ldots \subset S$

$$A_n \uparrow A, \quad \text{falls } A_1 \subset A_2 \subset \cdots \text{ und } A = \bigcup_{n \geq 1} A_n,$$

$$A_n \downarrow A, \quad \text{falls } A_1 \supset A_2 \supset \cdots \text{ und } A = \bigcap_{n \geq 1} A_n.$$

Satz 3.1 *Für ein Maß μ und beliebige messbare Mengen $A, A_1, A_2, \ldots$ gilt:*

  (i) Monotonie: $\mu(A_1) \leq \mu(A_2)$, *falls* $A_1 \subset A_2$,
 (ii) σ-Subadditivität: $\mu(\bigcup_{n \geq 1} A_n) \leq \sum_{n \geq 1} \mu(A_n)$,
(iii) σ-Stetigkeit: Gilt $A_n \uparrow A$, *so folgt* $\mu(A_n) \to \mu(A)$ *für* $n \to \infty$.
        Gilt $A_n \downarrow A$ *und außerdem* $\mu(A_1) < \infty$, *so folgt ebenfalls* $\mu(A_n) \to \mu(A)$ *für*
        $n \to \infty$.

---

[1]PAUL DIRAC, 1902–1984, geb. in Bristol, tätig in Cambridge. Er ist insbesondere für seine Grund-
legung der Quantenmechanik berühmt. 1933 erhielt er den Nobel preis für Physik.

Beweis (i) Im Fall $A_1 \subset A_2$ ist A_2 disjunkte Vereinigung von A_1 und $A_2 \backslash A_1$, und folglich erhalten wir $\mu(A_1) \leq \mu(A_1) + \mu(A_2 \backslash A_1) = \mu(A_2)$ mittels Additivität.

(ii) Zunächst gilt $\mu(A_1 \cup A_2) = \mu(A_1) + \mu(A_2 \backslash A_1) \leq \mu(A_1) + \mu(A_2)$ aufgrund von Additivität und Monotonie. Für endliche Vereinigungen folgt dann per Induktion: $\mu(A_1 \cup \cdots \cup A_k) \leq \mu(A_1 \cup \cdots \cup A_{k-1}) + \mu(A_k) \leq \mu(A_1) + \cdots + \mu(A_{k-1}) + \mu(A_k)$.

Es bleibt, die Behauptung für unendliche Vereinigungen zu beweisen. Dazu führt man in $\mu(A_1 \cup \cdots \cup A_k) \leq \sum_{n \geq 1} \mu(A_n)$ den Grenzübergang $k \to \infty$ durch, unter Benutzung der sogleich zu beweisenden σ-Stetigkeit von Maßen.

(iii) Unter der Bedingung $A_n \uparrow A$ sind $A_1' := A_1$, $A_k' := A_k \backslash A_{k-1}$, $k \geq 2$, disjunkte Mengen und es gilt $A_n = \bigcup_{k=1}^n A_k'$, $A = \bigcup_{k=1}^\infty A_k'$. Es folgt

$$\mu(A_n) = \mu\left(\bigcup_{k=1}^n A_k'\right) = \sum_{k=1}^n \mu(A_k') \to \sum_{k=1}^\infty \mu(A_k') = \mu\left(\bigcup_{k=1}^\infty A_k'\right) = \mu(A).$$

Dies ist die erste Behauptung. Unter der Bedingung $A_n \downarrow A$ gilt $A_n'' \uparrow A_1 \backslash A$ mit den Mengen $A_n'' := A_1 \backslash A_n$, $n \geq 1$. Es folgt

$$\mu(A_n) + \mu(A_n'') = \mu(A_1) = \mu(A) + \mu(A_1 \backslash A).$$

Der Grenzübergang $n \to \infty$ ergibt die zweite Behauptung, unter Benutzung der ersten Behauptung und von $\mu(A_1) < \infty$. □

▶ **Bemerkung** Die Bedingung $\mu(A_1) < \infty$ in der letzten Aussage lässt sich nicht ersatzlos streichen. Ein Gegenbeispiel liefert die Folge $A_n := \{m \in \mathbb{N} : m \geq n\}$. Die A_n haben alle das Maß ∞ für das Zählmaß μ auf $\mathbb{N}$, gegeben durch $\mu(A) := \#A$. Dagegen hat $\bigcap_{n \geq 1} A_n = \emptyset$ das Maß 0.

Maße lassen sich durch messbare Abbildungen auf andere messbare Räume abbilden. Dieser Sachverhalt wird für uns in Kürze wichtig.

Definition

Seien $(S, \mathcal{A})$, $(S', \mathcal{A}')$ messbare Räume, sei $\varphi : S \to S'$ messbar und sei μ ein Maß auf $\mathcal{A}$. Dann heißt das Maß μ' auf S, gegeben durch

$$\mu'(A') := \mu(\varphi^{-1}(A')), \quad A' \in \mathcal{A}',$$

das *Bildmaß von μ unter der Abbildung* φ. Wir schreiben $\mu' = \varphi(\mu)$.

Dass es sich bei μ' um ein Maß handelt, zeigt eine kurze Rechnung: $\mu'(\emptyset) = \mu(\emptyset) = 0$ und $\mu'(\bigcup_{n \geq 1} A_n') = \mu(\bigcup_{n \geq 1} \varphi^{-1}(A_n')) = \sum_{n \geq 1} \mu(\varphi^{-1}(A_n')) = \sum_{n \geq 1} \mu'(A_n')$ für paarweise disjunkte $A_1', A_2', \ldots \in \mathcal{A}'$. Genauso schnell überzeugt man sich von

$$(\psi \circ \varphi)(\mu) = \psi(\varphi(\mu)).$$

Aus $\varphi(x) = y$ folgt $\varphi(\delta_x) = \delta_y$, wir haben also φ kanonisch auf Maße übertragen.

3.1 Nullmengen

Wir kommen nun auf diejenigen messbaren Mengen zu sprechen, die sich anhand eines Maßes nicht von der leeren Menge unterscheiden lassen.

Definition Nullmenge

Sei $(S,\ \mathcal{A},\ \mu)$ ein Maßraum. Dann heißt $A \subset S$ *Nullmenge,* genauer μ-*Nullmenge,* falls $A \in \mathcal{A}$ und $\mu(A) = 0$ gilt.

Das System $\mathcal{N} \subset \mathcal{A}$ aller Nullmengen eines nicht überall verschwindenden Maßes μ hat die folgenden Eigenschaften, wie aus Monotonie und σ-Subadditivität von Maßen folgt:

$$\emptyset \in \mathcal{N}, \quad S \notin \mathcal{N},$$
$$A \in \mathcal{N},\ A' \in \mathcal{A},\ A' \subset A \quad \Rightarrow \quad A' \in \mathcal{N},$$
$$A_1, A_2, \ldots \in \mathcal{N} \quad \Rightarrow \quad \bigcup_{n \geq 1} A_n \in \mathcal{N}.$$

Gilt eine Eigenschaft für alle Elemente von S bis auf die Elemente einer Nullmenge, so sagt man, die Eigenschaft gilt *fast überall.*

Definition

Sei $(S,\ \mathcal{A},\ \mu)$ ein Maßraum und seien $\varphi,\ \psi : S \to S'$ messbare Abbildungen. Dann heißen φ und ψ *fast überall gleich,* genauer μ-*fast überall gleich,* falls $\{\varphi \neq \psi\}$ eine Nullmenge ist. Wir schreiben

$$\varphi = \psi \text{ f.ü.}$$

und sagen auch $\varphi(x) = \psi(x)$ für μ-fast alle x.

In der Wahrscheinlichkeitstheorie spricht man von *fast sicherer Gleichheit.* Es handelt sich um eine Äquivalenzrelation. Genauso schreibt man

$$\varphi \leq \psi \text{ f.ü.} \quad :\Leftrightarrow \quad \{\varphi > \psi\} \text{ ist Nullmenge,}$$

im Fall, dass der Bildbereich S' von φ und ψ mit einer Ordnungsrelation $\leq$ versehen ist. Wichtig werden für uns Nullmengen namentlich im Kontext von Konvergenz sein.

Definition

Sei $(S, \mathcal{A}, \mu)$ ein Maßraum, sei (S', d') ein metrischer Raum und seien $\varphi, \varphi_1, \varphi_2, \ldots$ messbare Abbildungen. Dann sagen wir, dass φ_n *fast überall gegen* φ *konvergiert,* und schreiben

$$\varphi_n \to \varphi \text{ f.ü.,}$$

falls $\{\varphi_n \nrightarrow \varphi\} := \{x \in S \;:\; \varphi_n(x) \nrightarrow \varphi(x)\}$ eine Nullmenge ist.

▶ **Bemerkung** Für jeden Maßraum $(S, \mathcal{A}, \mu)$ ist das System

$$\widetilde{\mathcal{A}} := \{\widetilde{A} \subset S : \exists\, A_1, A_2 \in \mathcal{A} \text{ mit } A_1 \subset \widetilde{A} \subset A_2 \text{ und } \mu(A_2 \setminus A_1) = 0\}$$

eine σ-Algebra in S, die $\mathcal{A}$ umfasst. Man kann sie auch beschreiben als die σ-Algebra, die von $\mathcal{A} \cup \widetilde{\mathcal{N}}$ erzeugt wird, mit dem System $\widetilde{\mathcal{N}}$ aller Teilmengen von Nullmengen. Weiter ist für $\widetilde{A} \in \widetilde{\mathcal{A}}$

$$\widetilde{\mu}(\widetilde{A}) := \mu(A_1) = \mu(A_2)$$

wohldefiniert. $\widetilde{\mu}$ ist ein Maß, das μ auf $\widetilde{\mathcal{A}}$ fortsetzt. Der Maßraum $(S, \widetilde{\mathcal{A}}, \widetilde{\mu})$ heißt *Vervollständigung* von $(S, \mathcal{A}, \mu)$. (Beweis als Übung)

3.2   Das Lebesguemaß auf dem $\mathbb{R}^d$

Wir wollen nun sehen, dass das Konzept eines Maßes auf einer σ-Algebra in einem besonders wichtigen Fall aufgeht. Das folgende nichttriviale Resultat besagt, dass es ein eindeutiges Maß auf der Borel-σ-Algebra $\mathcal{B}^d$ des $\mathbb{R}^d$ (d endlich) gibt, welches jedem d-dimensionalen Intervall sein „natürliches" Volumen zuweist. Man betrachtet hier üblicherweise halboffene Intervalle

$$[a, b) := [a_1, b_1) \times \cdots \times [a_d, b_d),$$

mit $a = (a_1, \ldots, a_d)$, $b = (b_1, \ldots, b_d) \in \mathbb{R}^d$. Halboffene Intervalle haben den Vorteil, dass man mit ihnen den Raum lückenlos und ohne Überschneidungen überdecken kann. Im folgenden Bild gehören die fetten Kanten mit zum Intervall.

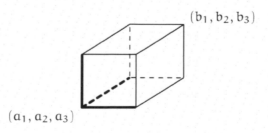

(b_1, b_2, b_3)

(a_1, a_2, a_3)

Satz 3.2 *Auf den Borelmengen des* $\mathbb{R}^d$ *gibt es genau ein Maß, bezeichnet mit* λ^d, *das für alle* $a_1 < b_1, ..., a_d < b_d$ *die Eigenschaft*

$$\lambda^d([a,\ b)) = (b_1 - a_1) \cdots (b_d - a_d)$$

mit $a = (a_1, \ldots a_d)$, $b = (b_1, \ldots, b_d)$ *erfüllt.*

Den Beweis stellen wir hier zurück, die Eindeutigkeit werden wir in Kap. 7 zeigen, und die Existenz in Kap. 11. λ^d heißt das *Lebesguemaß auf* $\mathcal{B}^d$ (man spricht auch vom *Lebesgue-Borel-Maß*). Seine Vervollständigung wird ebenfalls Lebesguemaß genannt. Im Fall $d = 1$ schreiben wir für die Borel-σ-Algebra $\mathcal{B}^1$ und das Maß λ^1 auch kürzer $\mathcal{B}$ und λ.

Wir wollen ein paar wichtige Eigenschaften des Lebesguemaßes behandeln.

Satz 3.3 *Das Lebesguemaß* λ^d *auf* $\mathcal{B}^d$ *ist das einzige Maß auf* $\mathcal{B}^d$, *das die folgenden beiden Eigenschaften erfüllt:*

(i) Translationsinvarianz: $\lambda^d(B) = \lambda^d(B')$, *falls* B, B' $\in \mathcal{B}^d$ *durch Translation ineinander übergehen.*

(ii) Normiertheit: $\lambda^d([0, 1)^d) = 1$ *für den d-dimensionalen Einheitswürfel* $[0, 1)^d$.

Beweis Nur (i) bedarf eines Beweises. Dazu betrachten wir zu fest gewähltem $v \in \mathbb{R}^d$ die Translationsabbildung $x \mapsto \varphi(x) := x + v$ auf $\mathbb{R}^d$ und das Bildmaß $\mu := \varphi(\lambda^d)$. Bei Translation gehen Intervalle über in Intervalle gleichen Maßes, d.h. es gilt $\mu([a,\ b)) = (b_1 - a_1) \cdots (b_d - a_d)$. Damit erfüllt μ die charakteristische Eigenschaft des Lebesguemaßes. Es folgt $\mu = \lambda^d$, also $\lambda^d(B) = \lambda^d(\varphi^{-1}(B))$, und dies ergibt Behauptung (i).

Sei nun umgekehrt μ irgendein Maß, das (i) und (ii) erfüllt. Dann folgt für jede natürliche Zahl n

$$\mu([0,\ n^{-1})^d) = n^{-d},$$

denn der Würfel $[0, 1)^d$ zerfällt in n^d Teilwürfel, die aus $[0,\ n^{-1})^d$ alle durch Translation hervorgehen und also nach Annahme dasselbe Maß haben. Aus solchen Würfeln lassen sich alle diejenigen halboffenen d-dimensionalen Intervalle [a, b) disjunkt zusammensetzen, deren Grenzen a und b rationale Komponenten haben. Mittels Additivität folgt

$$\mu([a,\ b)) = (b_1 - a_1) \cdots (b_d - a_d)$$

für rationale $a_i < b_i$. Da die rationalen Zahlen dicht in den reellen Zahlen liegen, kann man beliebige Intervalle von oben und unten durch Intervalle mit rationalen Ecken einschließen. Die letzte Formel folgt dann aufgrund der Monotonie von Maßen auch für beliebige $a_i < b_i$. Damit erfüllt μ die Eigenschaft des Lebesguemaßes und es folgt $\mu = \lambda^d$. $\square$

Satz 3.4 *Für das Lebesguemaß gilt:*

(i) $\lambda^d(H) = 0$ für jede Hyperebene $H \subset \mathbb{R}^d$.

(ii) Ist $\varphi : \mathbb{R}^d \to \mathbb{R}^d$ linear und bijektiv, so ist mit $B \subset \mathbb{R}^d$ auch $\varphi(B)$ eine Borelmenge und es gilt

$$\lambda^d(\varphi(B)) = |\det \varphi| \cdot \lambda^d(B).$$

Anders ausgedrückt: Führt φ die kanonischen Einheitsvektoren $e_1, \ldots, e_d$ in die Vektoren $v_1, \ldots, v_d \in \mathbb{R}^d$ über, so auch den Einheitswürfel $[0, 1)^d$ in das von den Vektoren $v_1, \ldots, v_d$ aufgespannte (halboffene) Parallelotop

$$P[v_1, \ldots, v_d] := \Big\{ \sum_{i=1}^{d} c_i v_i \in \mathbb{R}^d : 0 \le c_i < 1, \ i = 1, \ldots, d \Big\}.$$

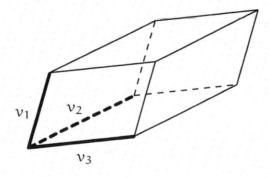

Wegen $\det \varphi = \det[v_1, \ldots, v_d]$ folgt

$$\lambda^d(P[v_1, \ldots, v_d]) = |\det[v_1, \ldots, v_d]|.$$

Diese Aussage ist nicht überraschend, denn die Determinante $\det[v_1, \ldots, v_d]$ lässt sich, wie aus der Linearen Algebra bekannt, als das *orientierte* Volumen eines Parallelotops interpretieren. Bis auf die Orientierung (das Vorzeichen der Determinante) ergibt die Maßtheorie dasselbe.

Beweis (i) Jede Hyperebene H lässt sich überdecken mit abzählbar vielen Mengen, die alle aus einem $(d - 1)$-dimensionalen Quader Q, aufgespannt von orthogonalen Vektoren $b_2, \ldots, b_d$, durch Translation hervorgehen. Steht b_1 senkrecht auf $b_2, \ldots, b_d$, so sind die Mengen $Q + rb_1, 0 \le r \le 1$, disjunkt. Aufgrund von Translationsinvarianz haben sie alle dasselbe Lebesguemaß. Dieses Maß muss 0 sein, sonst hätte der von $b_1, \ldots, b_d$ aufgespannte Quader unendliches Maß. Also hat Q und damit auch H das Maß 0.

(ii) Die Abbildung φ besitzt nach Annahme ein Inverses ψ, das als lineare Abbildung stetig und folglich borelmessbar ist. Es folgt die Borelmessbarkeit von $\varphi(B) = \psi^{-1}(B)$ für Borelmengen B.

Die Bijektivität hat weitere Konsequenzen: Es folgt, dass $\mu(\cdot) := \lambda^d(\varphi(\cdot))$ ein Maß ist. Wegen $\varphi(B + v) = \varphi(B) + \varphi(v)$ für alle $v \in \mathbb{R}^d$ folgt $\mu(B + v) = \mu(B)$, μ ist also translationsinvariant. Auch gilt $0 < c < \infty$ für $c := \mu([0, 1)^d)$, denn $\varphi([0, 1)^d)$ umfasst kleine Würfel und ist in einem großen Würfel enthalten. Nach der Charakterisierung des Lebesguemaßes im vorigen Satz folgt also $\mu = c\lambda^d$.

Es bleibt, c zu bestimmen. Wir betrachten erst zwei einfache Fälle:

Sei erstens σ eine lineare Abbildung, die die Einheitsvektoren $e_1, \ldots, e_d$ als Eigenvektoren hat, mit Eigenwerten $\varepsilon_1, \ldots, \varepsilon_d > 0$. Dann wird $[0, 1)^d$ überführt in das halboffene Intervall $[0, \varepsilon_1) \times \cdots \times [0, \varepsilon_d)$, und c bestimmt sich unmittelbar als das Produkt $\varepsilon_1 \cdots \varepsilon_d$. Dieser Ausdruck ist auch gleich $\det \sigma$.

Sei zweitens τ eine orthogonale Abbildung. Dann wird die Einheitskugel B durch τ auf sich selbst abgebildet. Da B sich von außen und innen durch Würfel einschachteln lässt, gilt $0 < \lambda^d(B) < \infty$. In diesem Fall gilt also $c = 1$, und die Determinante einer orthogonalen Abbildung ist bekanntlich gleich ± 1.

Die Behauptung ergibt sich nun aus dem Sachverhalt, dass sich jede lineare Abbildung φ darstellen lässt als $\varphi = \tau_1 \circ \sigma \circ \tau_2$, mit σ wie eben und zwei orthogonalen Abbildungen τ_1, τ_2 („Singulärwertzerlegung"). Die Behauptung folgt also aus den betrachteten Spezialfällen und den Eigenschaften von Determinanten:

$$\lambda^d(\varphi(B))) = \lambda^d(\tau_1(\sigma(\tau_2(B)))) = |\det \tau_1 \det \sigma \det \tau_2|\lambda^d(B) = |\det \varphi|\lambda^d(B).$$

(Wir rekapitulieren die Singulärwertzerlegung von Matrizen in Aufgabe 3.9.) $\Box$

▶ **Bemerkung** Für lineare, aber nicht bijektive Abbildungen φ ist das Bild einer Borel-menge im Allgemeinen nicht borelsch. Dies trifft schon für Projektionen von $\mathbb{R}^2$ nach $\mathbb{R}$ zu. Man behandelt den Sachverhalt in der Theorie der Suslinschen Mengen, eine Konstruktion findet sich bereits in der 2. Auflage von Hausdorffs „Mengenlehre" aus dem Jahre 1927.

Übungsaufgaben

Aufgabe 3.1 Es gelte $A = \bigcup_{n\geq 1} A_n$ und $A' = \bigcup_{n\geq 1} A'_n$. Überprüfen Sie für ein Maß μ die Aussagen

$$\mu(A\setminus A') \leq \sum_{n\geq 1} \mu(A_n\setminus A'_n), \quad \mu(A\Delta A') \leq \sum_{n\geq 1} \mu(A_n\Delta A'_n).$$

Aufgabe 3.2 Sei $\mu_1 \leq \mu_2 \leq \cdots$ eine Folge von Maßen auf einer σ-Algebra, d.h. $\mu_1(A) \leq \mu_2(A) \leq \cdots$ für alle messbaren Mengen A. Zeigen Sie, dass durch $\mu(A) := \lim_n \mu_n(A)$ ein Maß μ gegeben ist.

Aufgabe 3.3 Sei $\mathcal{A}$ das System aller Mengen $A \subset \mathbb{N}$, für die der Limes

$$\iota(A) := \lim_{n\to\infty} \frac{1}{n}\#(A \cap \{1, 2, \ldots, n\})$$

existiert. Zeigen Sie: (i) ι ist additiv, aber nicht σ-additiv, (ii) $\mathcal{A}$ ist keine σ-Algebra.

Aufgabe 3.4 (Existenz nichtmessbarer Mengen nach Vitali) Sei $N \subset [0, 1]$ eine Menge mit der Eigenschaft, dass für jede reelle Zahl a genau eine Zahl $b \in N$ existiert, so dass $a - b$ rational ist. Zeigen Sie:

(i) $N + r$ und $N + r'$ sind disjunkt für rationale Zahlen $r \neq r'$.
(ii) $[0, 1] \subset \bigcup_{r\in\mathbb{Q}\cap[-1, 1]}(N + r) \subset [-1, 2]$.
(iii) N ist keine Borelmenge.

Bemerkung: N ist eine vollständige Menge von Repräsentanten für die Äquivalenzrelation $a \sim b :\Leftrightarrow a - b \in \mathbb{Q}$. Man erhält N mit dem Auswahlaxiom der Mengenlehre.

Aufgabe 3.5 (Satz von Jegorov) Sei μ ein endliches Maß und $f_1, f_2, \ldots \mu$-f.ü. gegen f konvergent. Wir wollen beweisen: Zu jedem $\varepsilon > 0$ gibt es eine messbare Menge $A \subset S$, so dass $f_1, f_2, \ldots$ auf A gleichmäßig gegen f konvergiert und $\mu(A^c) \leq \varepsilon$ gilt. Zeigen Sie dazu:

(i) Sei $\delta > 0$ und $A'_m := \bigcup_{n\geq m}\{|f_n - f| > \delta\}$. Dann gilt: $\bigcap_{m\geq 1} A'_m \subset \{f_n \not\to f\}$ und $\mu(A'_m) \to 0$ für $m \to \infty$.

(ii) Zu $\varepsilon > 0$ gibt es natürliche Zahlen $m_1 < m_2 < \cdots$, so dass $\mu(A_k) \leq \varepsilon 2^{-k}$ für $A_k :=$
$\bigcup_{n \geq m_k} \{|f_n - f| > 1/k\}$.

(iii) f konvergiert gleichmäßig auf $A := \bigcap_{k \geq 1} A_k^c$ und $\mu(A^c) \leq \varepsilon$.

Aufgabe 3.6 Wir betrachten die borelmessbaren Funktionen $f = 1_{\mathbb{Q}}$ und $g = 1_{[0,1]}$ auf $\mathbb{R}$.
Welche der Funktionen ist (i) f.ü. stetig, (ii) f.ü. gleich einer stetigen Funktion (in Bezug
auf das Lebesguemaß)?

Aufgabe 3.7 Sei $\varphi : \mathbb{R}^d \to \mathbb{R}^d$ linear und bijektiv. Zeigen Sie für das Bild des Lebesgue-
maßes unter φ : $\varphi(\lambda^d)(\cdot) = |\det \varphi|^{-1} \lambda^d(\cdot)$.

Aufgabe 3.8 Sei $B \subset [0, 1)$ eine Borelmenge. Zeigen Sie: Für alle $\varepsilon > 0$ gibt es (halboffene) Intervalle $I_1, ..., I_k \subset [0, 1)$, so dass $\lambda^1(B \triangle \bigcup_{j=1}^k I_j) < \varepsilon$. Betrachten Sie auch den
d-dimensionalen Fall.
Hinweis: Betrachten Sie das System aller Mengen B dieser Eigenschaft.

Aufgabe 3.9 (**Singulärwertzerlegung**) Sei M eine invertierbare $d \times d$-Matrix und M^* ihre
Adjungierte. Zeigen Sie:

(i) M^*M ist selbstadjungiert und invertierbar, mit strikt positiven Eigenwerten $\varepsilon_1^2, ..., \varepsilon_d^2$.
Es gibt also eine orthogonale Matrix O, so dass $M^*M = O^*D^2O$, dabei bezeichnet D
die Diagonalmatrix mit den Diagonaleinträgen $\varepsilon_1, ..., \varepsilon_d$.

(ii) Die Abbildung $DOx \mapsto Mx, x \in \mathbb{R}^d$, ist wohldefiniert, linear und orthogonal, d.h.
$|DOx|^2 = |Mx|^2$ für alle x.

(iii) Es gibt eine orthogonale Matrix V, so dass $M = VDO$ („Singulärwertzerlegung").

Das Integral von nichtnegativen Funktionen 4

Ausgehend von einem Maß μ auf dem messbaren Raum $(S, \mathcal{A})$ definieren wir nun Integrale für beliebige messbare Funktionen

$$f \geq 0.$$

Gemeint sind damit messbare Funktionen von S mit Werten in $\bar{\mathbb{R}}_+ = [0, \infty]$.

Das Integral wird mit Hilfe von *elementaren Funktionen* definiert, das sind messbare Funktionen $h \geq 0$, die nur endlich viele reelle Werte annehmen. Es gilt also

$$h = \sum_z z \cdot 1_{\{h=z\}},$$

dabei wird über die endlich vielen reellen Funktionswerte z von h summiert. Im Fall $S = \mathbb{R}$ gehören zu den elementaren Funktionen die Treppenfunktionen, für die die Mengen $\{h = z\}$ Intervalle oder endliche Vereinigungen von Intervallen sind,

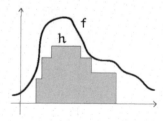

aber aufgrund der Vielfalt der Borelmengen auch ganz andere Funktionen, die sich bildlich nicht mehr darstellen lassen.

© Springer Basel AG 2019
M. Brokate und G. Kersting, *Maß und Integral,* Mathematik Kompakt,
https://doi.org/10.1007/978-3-0348-0988-7_4

Das Integral von $f \geq 0$ entsteht nun durch Ausschöpfen von unten mittels elementarer Funktionen. In Formeln ausgedrückt sieht das so aus:

Definition

Sei $f : S \to \bar{\mathbb{R}}_+$ messbar. Dann wird das *Integral von f nach dem Maß* μ (genauer das *Lebesgueintegral*) definiert als

$$\int f \, d\mu := \sup\left\{ \sum_z z \cdot \mu(h = z) \ : \ h \geq 0 \text{ ist elementar, } h \leq f \right\}.$$

Dabei schreiben wir für $\mu(\{h = z\})$ kürzer $\mu(h = z)$. Der Wert ∞ ist für das Integral möglich. Manchmal, wenn der Integrand f noch von anderen Variablen als x abhängt, muss man in der Notation genauer festhalten, nach welcher Variablen integriert wird. Dann schreibt man für das Integral

$$\int f(x) \, \mu(dx).$$

Man kann das Integral durchaus als den „Inhalt" des Bereichs zwischen 0 und f bzgl. μ auffassen (wir kommen darauf in Aufgabe 8.4 zurück). Im Fall eines W-Maßes lässt sich das Integral auch als der „mittlere Wert" von f bzgl. μ interpretieren. Ist speziell μ ein W-Maß auf $\mathbb{R}^+$, das wir als Masseverteilung deuten, so ist $\int x \, \mu(dx)$ ihr Schwerpunkt. In der Wahrscheinlichkeitstheorie benutzt man Integrale ähnlich zur Definition von Erwartungswerten.

Wir ziehen aus der Definition gleich eine einfache, gleichwohl wichtige Folgerung.

Satz 4.1 (Markov-Ungleichung[1]) *Sei* $f \geq 0$ *messbar und* z *eine nichtnegative Zahl. Dann gilt*

$$z \cdot \mu(f \geq z) \leq \int f \, d\mu.$$

Beweis Für die elementare Funktion $h := z \cdot 1_{\{f \geq z\}}$ gilt $0 \leq h \leq f$. $\square$

Folgende Eigenschaften des Integrals ergeben sich unmittelbar aus der Definition des Integrals.

---

[1]ANDREJ MARKOV, 1856–1922, geb. in Rjasan, tätig in St. Petersburg. Er ist in erster Linie für seine grundlegenden Beiträge zur Wahrscheinlichkeitstheorie bekannt.

Satz 4.2 *Für messbare Funktionen* f, g $\geq$ 0 *gilt:*

(i) f $\leq$ g f.ü. $\Rightarrow$ $\int f\,d\mu \leq \int g\,d\mu$,
(ii) f = g f.ü. $\Rightarrow$ $\int f\,d\mu = \int g\,d\mu$,
(iii) $\int f\,d\mu = 0$ $\Leftrightarrow$ f = 0 f.ü.,
(iv) $\int f\,d\mu < \infty$ $\Rightarrow$ f $< \infty$ f.ü.

Beweis (i) Ist h $\geq$ 0 elementar mit h $\leq$ f, so ist h$'$:= h $\cdot$ $1_{\{f \leq g\}}$ ebenfalls elementar und h$'$ $\leq$ g. Nach Annahme gilt $\sum_z z \cdot \mu(h' = z) = \sum_z z \cdot \mu(h = z, f \leq g) = \sum_z z \cdot \mu(h = z)$, und die Behauptung folgt aus der Definition des Integrals.

(ii) folgt aus (i).

(iii) Der Schluss $\Leftarrow$ folgt aus (ii) und der Definition des Integrals. Sei umgekehrt $\int f\,d\mu = 0$. Für n $\in \mathbb{N}$ ergibt die Markovsche Ungleichung $\mu(f \geq 1/n) = 0$. Wegen $\{f \geq 1/n\} \uparrow \{f > 0\}$ und aufgrund von σ-Stetigkeit folgt $\mu(f > 0) = 0$. Also gilt f = 0 f.ü.

(iv) Aus h := z $\cdot 1_{\{f = \infty\}} \leq$ f für alle z > 0 folgt z $\cdot \mu(f = \infty) \leq \int f\,d\mu$ für alle z > 0. Aus $\int f\,d\mu < \infty$ folgt also $\mu(f = \infty) = 0$. Dies ergibt die Behauptung. $\square$

Der folgende Satz, auch *Satz von Beppo Levi*[2] genannt, ist Dreh- und Angelpunkt der Lebesgueschen Integrationstheorie.

Satz 4.3 (Satz von der monotonen Konvergenz) *Gilt* 0 $\leq f_1 \leq f_2 \leq \cdots$ *für messbare Funktionen* $f_1, f_2, \ldots$ *und ist* f := $\sup_{n \geq 1} f_n$, *so folgt*

$$\int f\,d\mu = \lim_{n \to \infty} \int f_n\,d\mu.$$

[2]BEPPO LEVI, 1875–1961, geb. in Turin, tätig in Piacenza, Cagliari, Parma, Bologna und Rosario. Er veröffentlichte über so unterschiedliche Gebiete wie algebraische Geometrie, Mengenlehre, Integrationstheorie, projektive Geometrie und Zahlentheorie. Wegen seiner jüdischen Herkunft ging er 1939 ins Exil nach Argentinien.

Beweis Nach Satz 4.2 (i) ist $\int f_n \, d\mu$ monoton wachsend und $\lim_n \int f_n \, d\mu \leq \int f \, d\mu$. Zum Nachweis der umgekehrten Ungleichung sei $h \geq 0$ elementar mit $h \leq f$ und sei $\varepsilon > 0$. Für die elementaren Funktionen

$$h_n := (h - \varepsilon)^+ \cdot 1_{\{f_n > h - \varepsilon\}}$$

(mit $g^+ := \max(g, 0)$) gilt dann $0 \leq h_n \leq f_n$. Nach Definition des Integrals folgt

$$\sum_z (z - \varepsilon)^+ \mu(h = z, \ f_n > h - \varepsilon) \leq \int f_n \, d\mu.$$

Nach Annahme gilt $\{f_n > h - \varepsilon\} \uparrow S$ und daher $\mu(h = z, \ f_n > h - \varepsilon) \to \mu(h = z)$ aufgrund von σ-Stetigkeit. Es folgt

$$\sum_z (z - \varepsilon)^+ \mu(h = z) \leq \lim_{n \to \infty} \int f_n \, d\mu$$

und mit $\varepsilon \to 0$ schließlich $\sum_z z \cdot \mu(h = z) \leq \lim_n \int f_n \, d\mu$. Nach Definition des Integrals ergibt sich wie behauptet $\int f \, d\mu \leq \lim_n \int f_n \, d\mu$. □

Eine nützliche Variante des Satzes von der monotonen Konvergenz ist das folgende Resultat.

Satz 4.4 (Lemma von Fatou[3]) *Gilt für messbare Funktionen* $f, f_1, f_2, \ldots \geq 0$ *die Ungleichung* $f \leq \liminf_n f_n$ *f.ü., so folgt*

$$\int f \, d\mu \leq \liminf_{n \to \infty} \int f_n \, d\mu.$$

Beweis Für $g_n := \inf_{m \geq n} f_m$ gilt $0 \leq g_1 \leq g_2 \leq \cdots$, $\sup_{n \geq 1} g_n = \liminf_{n - \infty} f_n$ und $g_n \leq f_n$. Mit dem Satz von der monotonen Konvergenz folgt

$$\int f \, d\mu \leq \int \liminf_{n \to \infty} f_n \, d\mu = \lim_{n \to \infty} \int g_n \, d\mu \leq \liminf_{n \to \infty} \int f_n \, d\mu.$$ □

---

[3]PIERRE FATOU, 1878–1929, geb. in Lorient, tätig als Astronom am Pariser Observatorium. Ihm verdankt man Anwendungen der Lebesgueschen Integrationstheorie auf Fourierreihen und in der Funktionentheorie.

Die Benutzung des Limes inferior im letzten Satz ist nicht zu vermeiden: Selbst wenn f der punktweise Limes von f_n ist, können wir in der Aussage den lim inf der Integrale im Allgemeinen nicht durch den lim ersetzen. Dies zeigt das folgende Beispiel.

Beispiele

Sei (a_n) irgendeine Folge positiver Zahlen. Dann ist $f_n := a_n n 1_{(0,1/n]}$ eine borelmessbare Abbildung von $\mathbb{R}$ nach $\mathbb{R}$, die punktweise gegen 0 konvergiert. Das Lebesgueintegral $\int f_n\, d\lambda$ ist gleich a_n und braucht also nicht zu konvergieren. Das folgende Bild veranschaulicht, dass sich derselbe Effekt auch mit stetigen Funktionen erreichen lässt.

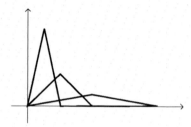

Für die Konvergenz von Integralen benötigt man daher Zusatzbedingungen, wie die Monotonie im Satz von der monotonen Konvergenz. Im nächsten Abschnitt lernen wir ein anderes Konvergenzkriterium kennen, den Satz von der dominierten Konvergenz.

Wir berechnen nun das Integral für Funktionen, die endlich oder abzählbar unendlich viele Werte annehmen.

Satz 4.5 *Für eine messbare Funktion* $f \geq 0$, *die nur abzählbar viele Werte annimmt (möglicherweise auch den Wert ∞), gilt*

$$\int f\, d\mu = \sum_y y \cdot \mu(f = y).$$

Summiert wird über alle Werte y *von* f *in irgendeiner Reihenfolge.*

Beweis. Sei f zunächst eine elementare Funktion. Ist auch h elementar und $0 \leq h \leq f$, so folgt $\mu(f = y, h = z) = \mu(\emptyset) = 0$ für $z > y$, also

$$\sum_z z \cdot \mu(h = z) = \sum_z \sum_y z \cdot \mu(h = z, \ f = y)$$

$$\leq \sum_y \sum_z y \cdot \mu(f = y, \ h = z) = \sum_y y \cdot \mu(f = y).$$

Für elementares f erhalten wir damit die Behauptung direkt aus der Definition des Integrals.

Im allgemeinen Fall sei y_1, y_2, ... irgendeine Aufzählung der reellen Werte von f und $0 \leq z_1 \leq z_2$ ... eine divergente Folge reeller Zahlen, die alle keine Werte von f sind. Wir setzen

$$f_n := \sum_{k=1}^{n} y_k 1_{\{f = y_k\}} + z_n \cdot 1_{\{f = \infty\}}.$$

Dann sind $0 \leq f_1 \leq f_2 \leq \cdots$ elementare Funktionen und $f = \sup_n f_n$. Die Behauptung überträgt sich nun von den f_n mithilfe des Satzes von der monotonen Konvergenz auf f. □

Mittels monotoner Konvergenz beweisen wir nun die Additivität und positive Homogenität des Integral.

Satz 4.6 *Für messbare Funktionen* f, g ≥ 0 *und reelle Zahlen* α, $\beta \geq 0$ *gilt*

$$\int (\alpha f + \beta g) \, d\mu = \alpha \int f \, d\mu + \beta \int g \, d\mu.$$

Beweis Für Funktionen f, g mit abzählbar vielen Werten folgt die Behauptung mittels σ-Additivität aus Satz 4.5:

$$\sum_z z \cdot \mu(\alpha f + \beta g = z) = \sum_z z \sum_{\substack{u,v \\ \alpha u + \beta v = z}} \mu(f = u, \ g = v)$$

$$= \sum_u \sum_v (\alpha u + \beta v) \cdot \mu(f = u, \ g = v)$$

$$= \alpha \sum_u u \cdot \mu(f = u) + \beta \sum_v v \cdot \mu(g = v).$$

Im allgemeinen Fall betrachten wir mit f und g auch die Funktionen

$$f_n := \sum_{k=1}^{\infty} \frac{k}{2^n} \cdot 1_{\{k/2^n < f \le (k+1)/2^n\}} + \infty \cdot 1_{\{f=\infty\}}$$

und g_n analog. Es folgt $0 \le f_1 \le f_2 \le \cdots$ und $\sup_{n \ge 1} f_n = f$. g_n erfüllt analoge Eigenschaften, daher ergibt sich die Behauptung aus

$$\int (\alpha f_n + \beta g_n)\, d\mu = \alpha \int f_n\, d\mu + \beta \int g_n\, d\mu$$

durch Grenzübergang nach dem Satz von der monotonen Konvergenz.   □

Die Kombination von Additivität und monotoner Konvergenz ergibt die folgende Version des Satzes von der monotonen Konvergenz.

Satz 4.7 *Für messbare Funktionen* $f_n \ge 0$ *gilt*

$$\int \sum_{n=1}^{\infty} f_n\, d\mu = \sum_{n=1}^{\infty} \int f_n\, d\mu.$$

Der folgende Satz bietet eine alternative Formel für Integrale.

Satz 4.8 *Sei* $f \ge 0$ *messbar. Dann gilt*

$$\int f\, d\mu = \int_0^{\infty} \mu(f > t)\, dt.$$

Das Integral rechts ist als das Lebesgueintegral $\int_{[0,\infty)} \mu(f > t)\, \lambda(dt)$ zu lesen. Auf das Verhältnis von Lebesgue- und Riemannintegral kommen wir im nächsten Kapitel zu sprechen.

Beweis Wir arbeiten wieder mit $f_n := \sum_{k=1}^{\infty} \frac{k}{2^n} \cdot 1_{\{k/2^n < f \le (k+1)/2^n\}} + \infty \cdot 1_{\{f=\infty\}}$, nun in der Darstellung

$$f_n = 2^{-n} \sum_{k=1}^{\infty} 1_{\{f > k/2^n\}}.$$

Nach Satz 4.7 folgt

$$\int f_n \, d\mu = 2^{-n} \sum_{k=1}^{\infty} \mu(f > k/2^n) = \int_0^{\infty} \mu(f > \lceil t 2^n \rceil / 2^n) \, dt.$$

Nun gilt für die linke Seite $0 \le f_1 \le f_2 \le \cdots$ und $f = \sup_{n \ge 1} f_n$ und für die rechte Seite $\lceil t 2^n \rceil / 2^n \downarrow t$ und $\{f > \lceil t 2^n \rceil / 2^n\} \uparrow \{f > t\}$. Die Behauptung folgt daher mit $n \to \infty$ mittels σ-Stetigkeit und dem Satz von der monotonen Konvergenz.   □

Die zentrale Rolle, die monotone Konvergenz in der Integrationstheorie spielt, ist bereits deutlich erkennbar. Als Beweismethode benutzt man sie häufig auch in Gestalt des Monotonieprinzips Satz 2.8. Wir illustrieren diese Methode in den beiden folgenden Abschnitten.

4.1   Die Transformationsformel

Sei μ ein Maß auf dem messbaren Raum $(S, \mathcal{A})$, sei $\varphi : S \to S'$ eine $\mathcal{A}$-$\mathcal{A}'$-messbare Abbildung und sei

$$\mu' := \varphi(\mu)$$

das Bildmaß von μ unter φ.

Satz 4.9 (Transformationsformel) *Für messbares* $f : S' \to \bar{\mathbb{R}}_+$ *gilt*

$$\int f \, d\mu' = \int f \circ \varphi \, d\mu.$$

Beweis Wir betrachten

$$\mathcal{K} := \left\{ f \ge 0 : f \text{ ist messbar}, \int f \, d\mu' = \int f \circ \varphi \, d\mu \right\}.$$

$\mathcal{K}$ erfüllt die Bedingungen (i) bis (iii) des Monotonieprinzips (Satz 2.8), wegen der Sätze 4.6 und 4.3 und nach der Definition von μ. Daher enthält $\mathcal{K}$ alle messbaren $f \ge 0$. Dies ist die Behauptung.   □

4.2 Dichten

Wir benutzen nun die Schreibweise

$$\int_A f\, d\mu := \int 1_A f\, d\mu$$

für messbares $A \subset S$.

Definition

Seien μ und ν Maße auf dem messbaren Raum $(S, \mathcal{A})$. Dann heißt eine messbare Funktion $h \geq 0$ *Dichte* von ν bzgl. μ, falls

$$\nu(A) = \int_A h\, d\mu$$

für alle messbaren $A \subset S$ gilt.

Wir schreiben dann kurz

$$d\nu = h\, d\mu$$

oder auch (in Anlehnung an die Differentialrechnung)

$$h = d\nu/d\mu.$$

Gegeben ein Maß μ und eine messbare Funktion $h \geq 0$ lässt sich

$$\nu(A) := \int_A h\, d\mu, \quad A \in \mathcal{A}$$

auch als *Definitionsgleichung* für ν auffassen. ν ist dann ein Maß auf $\mathcal{A}$, die σ-Additivität folgt nach Satz 4.7.

Satz 4.10 *Sei* $d\nu = h\, d\mu$ *und sei* $f \geq 0$ *messbar. Dann gilt*

$$\int f\, d\nu = \int fh\, d\mu.$$

Beweis Hier setzen wir

$$\mathcal{K} := \left\{ f \geq 0 : \ f \text{ ist messbar}, \int f\, d\nu = \int fh\, d\mu \right\}.$$

Nach Satz 4.6, Satz 4.3 und der Definition von Dichten sind die Voraussetzungen (i) bis (iii) des Monotonieprinzips (Satz 2.8) erfüllt. Es folgt die Behauptung.   □

Gilt insbesondere $\nu = h \, d\mu$ und $\rho = k \, d\nu$, so folgt

$$\int f \, d\rho = \int fk \, d\nu = \int fkh \, d\mu$$

bzw.

$$d\rho = kh \, d\mu.$$

Diese Regel schreibt man auch symbolisch als

$$\frac{d\rho}{d\mu} = \frac{d\rho}{d\nu} \frac{d\nu}{d\mu}.$$

Man beachte, dass Dichten im Allgemeinen nicht eindeutig bestimmt sind, denn mit h ist auch h' eine Dichte, falls $h' = h$ μ-f.ü. gilt. Im σ-endlichen Fall sind Dichten aber f.ü. eindeutig.

Satz 4.11 *Sei* $d\nu = h \, d\mu = h' \, d\mu$ *und sei* ν σ*-endlich. Dann gilt* $h = h'$ μ*-f.ü.*

Beweis Sei zunächst ν ein endliches Maß. Nach Satz 4.6 gilt

$$\nu(h > h') + \int (h - h')^+ \, d\mu = \int_{\{h>h'\}} h' \, d\mu + \int_{\{h>h'\}} (h - h')^+ \, d\mu$$

$$= \int_{\{h>h'\}} h \, d\mu = \nu(h > h').$$

Da ν endlich ist, folgt $\int (h - h')^+ \, d\mu = 0$, also nach Satz 4.2 (iii) $(h - h')^+ = 0$ μ-f.ü. Dies bedeutet $h \leq h'$ μ-f.ü. Die umgekehrte Ungleichung folgt analog. Im σ-endlichen Fall betrachte man zunächst $\int_{A_n} (h - h')^+ \, d\mu$ mit $\nu(A_n) < \infty$ und nehme dann den Grenzübergang $n \to \infty$ vor.   □

Auf Dichten kommen wir in Kap. 9 über absolute Stetigkeit zurück.

Übungsaufgaben

Aufgabe 4.1 Sei δ_x das Dirac-Maß in $x \in S$. Bestimmen Sie $\int f \, d\delta_x$ für messbares $f \geq 0$.

Aufgabe 4.2 Beweisen Sie für messbares $f \geq 0$ und jede reelle Zahl $a > 0$

$$\int f^a \, d\mu = a \int_0^\infty t^{a-1} \mu(f > t) \, dt.$$

Aufgabe 4.3 Sei $f : \mathbb{R} \to \bar{\mathbb{R}}_+$ eine borelmessbare Funktion mit $\int f \, d\lambda < \infty$ und sei $a > 0$. Zeigen Sie

$$\sum_{n=1}^\infty n^{-a} f(nx) < \infty$$

für λ-fast alle $x \in \mathbb{R}$.
Hinweis: Bestimmen Sie $\int f_n \, d\lambda$ für $f_n(x) := n^{-a} f(nx)$.

Aufgabe 4.4 Für messbare Mengen $A_1, A_2, \ldots \subset S$ setzen wir

$$\liminf_{n\to\infty} A_n := \{x \in S : x \in A_n \text{ bis auf endlich viele } n\} = \bigcup_{m\geq 1} \bigcap_{n\geq m} A_n.$$

Folgern Sie für ein Maß μ aus dem Lemma von Fatou

$$\mu(\liminf_{n\to\infty} A_n) \leq \liminf_{n\to\infty} \mu(A_n).$$

Aufgabe 4.5 (Borel-Cantelli Lemma) Für messbare Mengen $A_1, A_2, \ldots \subset S$ sei

$$\limsup_{n\to\infty} A_n := \{x \in S : x \in A_n \text{ für } \infty \text{ viele } n\} = \bigcap_{m\geq 1} \bigcup_{n\geq m} A_n.$$

Zeigen Sie $\mu(\limsup_{n\to\infty} A_n) = 0$ unter der Annahme $\sum_{n\geq 1} \mu(A_n) < \infty$.
Hinweis: Betrachten Sie $\int f \, d\mu$ für $f(x) := \sum_{n\geq 1} 1_{A_n}(x)$, der Anzahl der n mit $x \in A_n$.

Aufgabe 4.6 Ein Maß μ auf S ist σ-endlich genau dann, wenn es eine messbare Funktion $f \geq 0$ gibt mit $\int f \, d\mu < \infty$ und $f(x) > 0$ für alle $x \in S$. Zeigen Sie dieses.

Aufgabe 4.7 (Eine abstrakte Sicht auf das Integral) Sei μ ein Maß auf S und sei I eine Abbildung, die jeder messbaren Funktion $f \geq 0$ eine Zahl $I(f) \geq 0$, möglicherweise ∞, zuordnet, und die folgende Eigenschaften hat:

(i) $f_1, f_2 \geq 0$, messbar, $c_1, c_2 \in \mathbb{R}_+$ $\Rightarrow$ $I(c_1 f_1 + c_2 f_2) = c_1 I(f_1) + c_2 I(f_2)$,

(ii) $0 \leq f_1 \leq f_2 \leq \cdots$ messbar $\Rightarrow$ $I(\sup_n f_n) = \sup_n I(f_n)$,

(iii) $I(1_A) = \mu(A)$ für alle messbaren $A \subset S$.

Dann gilt $I(f) = \int f \, d\mu$ für alle messbaren Funktionen $f \geq 0$.

Integrierbare Funktionen

5

Die Integration von messbaren Funktionen $f : S \to \bar{\mathbb{R}}$ führt man auf die Integration von nichtnegativen messbaren Funktionen zurück. Dazu zerlegen wir f in *Positiv-* und *Negativteil:*

$$f = f^+ - f^-, \quad \text{mit} \quad f^+ := \max(f, 0) \quad \text{und} \quad f^- := \max(-f, 0).$$

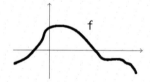 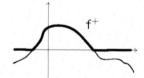 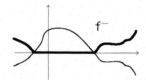

Definition

Sei μ ein Maß auf S und sei $f : S \to \bar{\mathbb{R}}$ eine messbare Funktion derart, dass $\int f^+ \, d\mu$ und $\int f^- \, d\mu$ nicht beide den Wert ∞ haben. Dann setzen wir

$$\int f \, d\mu := \int f^+ \, d\mu - \int f^- \, d\mu.$$

Im Folgenden richten wir unser Augenmerk auf Funktionen mit endlichem Integral. Dabei betrachten wir nur reellwertige Funktionen, damit wir sie ohne Einschränkung addieren und multiplizieren können.

Definition

Sei $f : S \to \mathbb{R}$ messbar und μ ein Maß auf S. Dann heißt f *integrierbar*, genauer μ-*integrierbar*, falls $\int f^+ \, d\mu < \infty$ und $\int f^- \, d\mu < \infty$ gilt.

© Springer Basel AG 2019
M. Brokate und G. Kersting, *Maß und Integral*, Mathematik Kompakt,
https://doi.org/10.1007/978-3-0348-0988-7_5

Wegen

$$|f| = f^+ + f^-$$

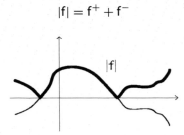

gilt nach Satz 4.6

$$\int |f|\, d\mu = \int f^+\, d\mu + \int f^-\, d\mu.$$

Also ergibt sich das folgende Kriterium für Integrierbarkeit.

Satz 5.1 *Eine messbare Funktion* $f : S \to \mathbb{R}$ *ist genau dann* μ*-integrierbar, wenn* $\int |f|\, d\mu < \infty$ *gilt, und es folgt*

$$\left| \int f\, d\mu \right| \leq \int |f|\, d\mu.$$

Die weiteren Eigenschaften des Integrals ergeben sich aus den Resultaten des letzten Abschnittes.

Satz 5.2 (Monotonie) *Sind* f, g *integrierbar und gilt* $f \leq g$ *f.ü., so folgt*

$$\int f\, d\mu \leq \int g\, d\mu.$$

Beweis $f \leq g$ f.ü. impliziert $f^+ + g^- \leq f^- + g^+$ f.ü. Nach Satz 4.2 (i) und Satz 4.6 folgt $\int f^+\, d\mu + \int g^-\, d\mu \leq \int f^-\, d\mu + \int g^+\, d\mu$. Die Behauptung folgt nun durch Umstellen der Terme. Dies ist möglich, da alle Integrale endlich sind. □

Satz 5.3 (Linearität) *Sind* f, g *integrierbar und* α, β *reelle Zahlen, so ist auch* $\alpha f + \beta g$ *integrierbar, und es gilt*

$$\int (\alpha f + \beta g)\, d\mu = \alpha \int f\, d\mu + \beta \int g\, d\mu.$$

Beweis Satz 4.2 (i) und 4.6 ergeben die Abschätzung

$$\int |f + g|\, d\mu \leq \int (|f| + |g|)\, d\mu = \int |f|\, d\mu + \int |g|\, d\mu < \infty,$$

also ist f + g integrierbar. Aus $(f + g)^+ - (f + g)^- = f + g = f^+ - f^- + g^+ - g^-$ folgt $(f + g)^+ + f^- + g^- = (f + g)^- + f^+ + g^+$. Durch Integration dieser Gleichung nach Satz 4.6 und Umstellen der Terme erhält man $\int (f + g)\, d\mu = \int f\, d\mu + \int g\, d\mu$. Die Gleichung $\int (\alpha f)\, d\mu = \alpha \int f\, d\mu$ folgt analog. $\qquad\square$

Schließlich gilt die folgende Aussage, auch *Lebesguescher Konvergenzsatz* genannt.

Satz 5.4 (Satz von der dominierten Konvergenz) *Sei* f_1, f_2, ... *eine Folge messbarer Funktionen, die f.ü. gegen die messbare Funktion* f *konvergiert. Gilt dann für eine messbare Funktion* $g \geq 0$ *mit* $\int g\, d\mu < \infty$

$$|f_n| \leq g \quad f.\ddot{u}.$$

für alle n, *so sind* f_n *und* f *integrierbar, und es folgt* $\int |f_n - f|\, d\mu \to 0$ *und*

$$\int f_n\, d\mu \to \int f\, d\mu$$

für $n \to \infty$.

Beweis Nach Annahme gilt auch $|f| \leq g$ f.ü. Nach Satz 4.2 (i) folgt $\int |f_n|\, d\mu < \infty$ und $\int |f|\, d\mu < \infty$, also sind f_n und f integrierbar. Weiter folgt $2g - |f_n - f| \geq 0$ f.ü., nach dem Lemma von Fatou ergibt sich daher

$$\int 2g\, d\mu \leq \liminf_{n \to \infty} \int (2g - |f_n - f|)\, d\mu = \int 2g\, d\mu - \limsup_{n \to \infty} \int |f_n - f|\, d\mu.$$

Da nach Annahme $\int 2g\,d\mu$ endlich ist, folgt $\limsup_n \int |f_n - f|\,d\mu \leq 0$. Offensichtlich gilt auch $0 \leq \liminf_n \int |f_n - f|\,d\mu$, daher ergibt sich $\int |f_n - f|\,d\mu \to 0$. Aufgrund der Abschätzung $|\int f_n\,d\mu - \int f\,d\mu| \leq \int |f_n - f|\,d\mu$ erhalten wir die Behauptung. $\qquad\qquad\square$

Wir gehen nun noch auf eine Verallgemeinerung des Satzes von der dominierten Konvergenz ein. Das folgende Resultat ist manchmal wichtig (z. B. in der Wahrscheinlichkeitstheorie), im Weiteren wird es aber nicht mehr benötigt.

Eine Folge $f_1, f_2, \ldots$ von $\bar{\mathbb{R}}$-wertigen, messbaren Funktionen heißt *gleichgradig integrierbar*, falls es für alle $\varepsilon > 0$ eine messbare Funktion $g \geq 0$ mit $\int g\,d\mu < \infty$ gibt, so dass

$$\sup_{n \geq 1} \int_{\{|f_n| > g\}} |f_n|\,d\mu \leq \varepsilon.$$

Satz 5.5 *Seien die Funktionen $f_1, f_2, \ldots$ f.ü. gegen f konvergent und gleichgradig integrierbar. Dann sind f_n und f integrierbar, und für $n \to \infty$ gilt $\int |f_n - f|\,d\mu \to 0$ und*

$$\int f_n\,d\mu \to \int f\,d\mu.$$

Beweis Mit f_n sind auch f_n^+ und f_n^- gleichgradig integrierbar und f.ü. gegen f^+ bzw. f^- konvergent. Wir können also ohne Einschränkung $f_n, f \geq 0$ voraussetzen.

Sei $\varepsilon > 0$ und sei $g \geq 0$ gemäß der Annahme gleichgradiger Integrierbarkeit gewählt. Dann gilt $\int f_n\,d\mu \leq \int g\,d\mu + \varepsilon$, daher ist f_n integrierbar. Genauso ist f integrierbar, denn aus $f\mathbf{1}_{\{f>g\}} \leq \liminf_n f_n \mathbf{1}_{\{f_n>g\}}$ f.ü. folgt nach dem Lemma von Fatou

$$\int_{\{f>g\}} f\,d\mu \leq \liminf_{n \to \infty} \int_{\{f_n>g\}} f_n\,d\mu \leq \varepsilon.$$

Aus $|f_n - f| \leq (f_n - \min(g, f_n)) + |\min(g, f_n) - \min(g, f)| + (f - \min(g, f))$ ergibt sich

$$\int |f_n - f|\,d\mu \leq \int_{\{f_n>g\}} f_n\,d\mu + \int |\min(g, f_n) - \min(g, f)|\,d\mu + \int_{\{f>g\}} f\,d\mu.$$

Nach dem Satz von der dominierten Konvergenz konvergiert rechts das mittlere Integral gegen 0, also folgt

$$\limsup_{n \to \infty} \int |f_n - f|\,d\mu \leq 2\varepsilon.$$

Mit $\varepsilon \to 0$ erhalten wir $\int |f_n - f|\,d\mu \to 0$. Dies ergibt die Behauptung. $\qquad\square$

Auf die Rolle der gleichgradigen Integrierbarkeit kommen wir im nächsten Kapitel zurück. Wir werden dort auch sehen, dass aus $\int |f_n - f|\, d\mu \to 0$ sich umgekehrt die gleichgradige Integrierbarkeit der $f_1, f_2, \ldots$ ergibt.

Beispiel

Sei μ ein endliches Maß, sei $\eta > 0$ und sei $\int |f_n|^{1+\eta} d\mu \leq s$ für ein $s < \infty$. Dann folgt für alle reellen Zahlen $c > 0$ die Abschätzung

$$\int\limits_{\{|f_n|>c\}} |f_n|\, d\mu \leq \frac{1}{c^\eta} \int\limits_{\{|f_n|>c\}} |f_n|^{1+\eta} d\mu \leq \frac{s}{c^\eta}.$$

Für ein endliches Maß ergibt dies gleichgradige Integrierbarkeit von $f_1, f_2, \ldots$ (zur Vertiefung des Beispiels vgl. Aufgabe 5.5).

5.1 Zwei Ungleichungen

Als Anwendung von Monotonie und Linearität des Integrals beweisen wir nun zwei auf Konvexität beruhende Ungleichungen.

Satz 5.6 (Hölder-Ungleichung[1]) *Seien* f, g *messbare reelle Funktionen und seien* $p, q > 1$ *konjugierte reelle Zahlen, d.h.* $1/p + 1/q = 1$*. Gilt dann* $\int |f|^p d\mu < \infty$ *und* $\int |g|^q d\mu < \infty$*, so ist* fg *integrierbar, und es besteht die Ungleichung*

$$\left| \int fg\, d\mu \right| \leq \left(\int |f|^p d\mu \right)^{1/p} \left(\int |g|^q d\mu \right)^{1/q}.$$

Im Fall $p = q = 2$ ist dies die *Cauchy-Schwarz-Ungleichung*[2,3]

---

[1]OTTO HÖLDER, 1859–1937, geb. in Stuttgart, tätig in Göttingen und Tübingen. Er lieferte wichtige Beiträge insbesondere zur Gruppentheorie.

[2]AUGUSTIN- LOUIS CAUCHY, 1789–1857, geb. in Paris, tätig in Paris an der École Polytechnique und am Collège de France. Er ist ein Pionier der reellen und komplexen Analysis, von den Grundlagen bis zu den Anwendungen.

[3]HERMANN AMANDUS SCHWARZ, 1843–1921, geb. in Hermsdorf, Schlesien, tätig in Zürich, Göttingen und Berlin. Seine wichtigsten Beiträge betreffen konforme Abbildungen und die Variationsrechnung.

$$\left(\int fg \, d\mu \right)^2 \le \int f^2 \, d\mu \int g^2 \, d\mu.$$

Beweis Da der Logarithmus eine konkave Funktion ist, gilt für Zahlen a, b $\ge$ 0

$$\log ab = \frac{1}{p} \log a^p + \frac{1}{q} \log b^q \le \log \left(\frac{1}{p} a^p + \frac{1}{q} b^q \right),$$

bzw. ab $\le \frac{1}{p} a^p + \frac{1}{q} b^q$. Für α, β > 0 folgt

$$\frac{|f|}{\alpha} \cdot \frac{|g|}{\beta} \le \frac{1}{p} \frac{|f|^p}{\alpha^p} + \frac{1}{q} \frac{|g|^q}{\beta^q}.$$

Wählen wir insbesondere $\alpha = (\int |f|^p \, d\mu)^{1/p}$ und $\beta = (\int |g|^q \, d\mu)^{1/q}$, so folgt unter der Annahme α, β > 0 durch Integration

$$\frac{1}{\alpha\beta} \int |fg| \, d\mu \le \frac{1}{p} + \frac{1}{q} = 1,$$

und dies ergibt die Behauptung. Der Fall α oder β gleich 0 ist gesondert zu behandeln: Ist etwa $\int |f|^p \, d\mu = 0$, so folgt nach Satz 4.2 (iii) f = 0 f.ü. und damit fg = 0 f.ü. und $\int fg \, d\mu = 0$. $\square$

Die nächste Ungleichung gilt im Allgemeinen nur für normierte Maße.

Satz 5.7 (Jensen-Ungleichung[4]) *Sei μ ein W-Maß, sei f integrierbar und sei die Funktion k : $\mathbb{R} \to \mathbb{R}$ konvex. Dann hat k $\circ$ f ein wohldefiniertes Integral und es gilt*

$$k \left(\int f \, d\mu \right) \le \int k \circ f \, d\mu.$$

Bekannt sind uns schon die Spezialfälle

$$\left| \int f \, d\mu \right| \le \int |f| \, d\mu, \quad \left(\int f \, d\mu \right)^2 \le \int f^2 \, d\mu.$$

Beweis Eine konvexe Funktion k(x) besitzt die Eigenschaft, dass sie an jeder Stelle a eine Stützgerade besitzt. Das heißt, für alle a $\in \mathbb{R}$ existiert eine reelle Zahl b, so dass

---

[4]JOHAN JENSEN, 1859–1925, geb. in Nakskow, tätig in Kopenhagen für die Bell Telephone Company. Er trug auch zur Funktionentheorie bei.

$$k(x) \geq k(a) + b(x - a) \quad \text{für alle } x \in \mathbb{R}$$

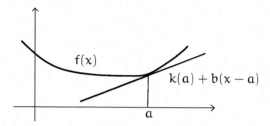

und folglich

$$k \circ f \geq k(a) + b(f - a).$$

Es folgt $(k \circ f)^- \leq (k(a) + b(f - a))^-$ und $\int (k \circ f)^- d\mu < \infty$, da f integrierbar ist. Das Integral $\int k \circ f \, d\mu$ ist also wohldefiniert. Im Fall $\int (k \circ f)^+ \, d\mu = \infty$ ist dann die Behauptung offensichtlich, wir dürfen daher annehmen, dass $k \circ f$ integrierbar ist. Dann folgt aus Monotonie, Linearität und $\mu(S) = 1$

$$\int k \circ f \, d\mu \geq k(a) + b \left(\int f \, d\mu - a \right),$$

und die Behauptung folgt mit der Wahl $a = \int f \, d\mu$. $\qquad\square$

5.2   Parameterabhängige Integrale*

Als Anwendung des Satzes von der dominierten Konvergenz untersuchen wir Funktionen der Gestalt

$$F(u) := \int f(u, x) \, \mu(dx), \ u \in U, \quad U \subset \mathbb{R}^d,$$

auf Stetigkeit und Differenzierbarkeit.

Satz 5.8 *Sei μ ein Maß auf S, sei $u_0 \in U$ und $f : U \times S \to \mathbb{R}$ derart, dass gilt*

(i) $u \mapsto f(u, x)$ *ist stetig in u_0 für μ-fast alle $x \in S$,*
(ii) $x \mapsto f(u, x)$ *ist messbar für alle $u \in U$,*
(iii) $|f(u, x)| \leq g(x)$ *für alle u, x mit einer μ-integrierbaren Funktion $g \geq 0$.*

Dann ist F stetig in u_0.

Beweis Nach (iii) ist $\int f(u, x)\, \mu(dx)$ für alle u integrierbar. Die Konvergenz von $\int f(u_n, x)\, \mu(dx)$ gegen $\int f(u_0, x)\, \mu(dx)$ entlang jeder Folge $u_n \to u_0$ folgt dann unmittelbar aus dem Satz von der dominierten Konvergenz. $\qquad\qquad\qquad\qquad\qquad\qquad\qquad\qquad\qquad\qquad\qquad\square$

Satz 5.9 *Sei μ ein Maß auf S, sei $U \subset \mathbb{R}^d$ offen und sei $f : U \times S \to \mathbb{R}$ eine Funktion mit den folgenden Eigenschaften für ein $i \in \{1, \ldots, d\}$:*

(i) $x \mapsto f(u, x)$ ist μ-integrierbar für alle u,
(ii) f ist partiell nach u_i differenzierbar und es gibt eine μ-integrierbare Funktion $g \geq 0$, so dass für alle $u \in U$, $x \in S$

$$\left| \frac{\partial f}{\partial u_i}(u, x) \right| \leq g(x).$$

Dann ist F partiell nach u_i differenzierbar, $x \mapsto \frac{\partial f}{\partial u_i}(u, x)$ ist μ-integrierbar für alle $u \in U$ und es gilt

$$\frac{\partial F}{\partial u_i}(u) = \int \frac{\partial f}{\partial u_i}(u, x)\, \mu(dx).$$

Beweis Da bei partieller Differentiation die restlichen Variablen konstant gehalten werden, können wir o.E.d.A. $d = 1$ setzen und U als offenes Intervall annehmen. Sei $h_1, h_2, \ldots$ eine Nullfolge. Nach Annahme (ii) und dem Mittelwertsatz gilt für $u \in U$

$$\left| \frac{f(u + h_n, x) - f(u, x)}{h_n} \right| \leq g(x).$$

Die Behauptung ergibt sich daher aus

$$\frac{F(u + h_n) - F(u)}{h_n} = \int \frac{f(u + h_n, x) - f(u, x)}{h_n} \mu(dx)$$

durch Grenzübergang $n \to \infty$ nach dem Satz von der dominierten Konvergenz. $\qquad\square$

Kombiniert mit anderen Integrationsregeln kann man den Satz dazu verwenden, um spezielle Integrale zu berechnen. Beispiele finden sich in den Aufgaben.

5.3   Lebesgue- und Riemannintegral*

Für das Lebesgueintegral einer integrierbaren Funktion f nach dem Lebesguemaß schreiben wir auch

$$\int f \, d\lambda^d = \int f(x) \, dx \quad \text{bzw.} \quad \int f \, d\lambda^d = \int f(x_1, \dots, x_d) \, dx_1 \dots dx_d$$

und im Fall d = 1 auch

$$\int_{[a,b]} f \, d\lambda = \int_a^b f(x) \, dx.$$

Dies geschieht in Anlehnung an die Schreibweisen, die für das Riemannintegral[5] benutzt werden (wir rekapitulieren dessen Definition im folgenden Beweis). Es zeigt sich nämlich, dass Riemann- und Lebesgueintegral einer Funktion f übereinstimmen, sofern beide Integrale existieren. Die folgende Abbildung, die die verschiedenen Vorgehensweisen beim Riemann- und Lebesgueintegrieren veranschaulicht, macht das einsichtig.

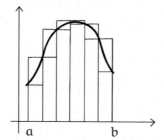 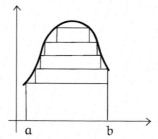

Genauer gilt der folgende Satz.

Satz 5.10 *Sei* f : [a, b] → ℝ *eine beschränkte (nicht notwendig messbare) Funktion und seien* C, D ⊂ [a, b] *die Mengen ihrer Stetigkeits- bzw. Unstetigkeitsstellen. Dann gilt:*

(i) C *und* D *sind Borelmengen und* f · 1$_C$ *ist borelmessbar.*

(ii) f *ist genau dann riemannintegrierbar, wenn* D *Nullmenge des Lebesguemaßes* λ *ist, und dann gilt für sein Riemannintegral*

$$\int_a^b f(x) \, dx = \int f \cdot 1_C \, d\lambda.$$

---

[5]BERNHARD RIEMANN, 1826–1866, geb. in Breselenz bei Hannover, tätig in Göttingen. Seine berühmten Arbeiten betreffen insbesondere Funktionentheorie, Geometrie und Zahlentheorie.

Für riemannintegrierbare Funktionen f bedeutet das noch nicht, dass auch $f1_D$ borelmessbar ist. Jedoch sind dann $f1_D$ und f messbar bzgl. der Vervollständigung der Borel-σ-Algebra nach dem Lebesguemaß. Deswegen macht also auch die Gleichung $\int_a^b f(x)\,dx = \int_{[a,b]} f\,d\lambda$ Sinn.

Beweis (i) Sei $a = x_0 < x_1 < \cdots < x_k = b$ eine *Partition* P des Intervalls der Feinheit $w(P) := \max_j(x_j - x_{j-1})$. Wir setzen

$$i_j := \inf\{f(x) : x_{j-1} \le x \le x_j\}, \quad s_j := \sup\{f(x) : x_{j-1} \le x \le x_j\}$$

für $j = 1, \ldots, k$ und

$$g_P := \sum_{j=1}^k i_j 1_{(x_{j-1}, x_j]}, \quad h_P := \sum_{j=1}^k s_j 1_{(x_{j-1}, x_j]}.$$

Die Unter- und Obersumme von f zu P sind dann bekanntlich definiert als

$$U_P := \sum_{j=1}^k i_j(x_j - x_{j-1}) = \int g_P\,d\lambda, \quad O_P := \sum_{j=1}^k s_j(x_j - x_{j-1}) = \int h_P\,d\lambda.$$

Im Folgenden bezeichnet $P_1, P_2, \ldots$ eine Folge von Partitionen, so dass $w(P_n)$ gegen 0 geht und P_{n+1} für alle n eine Verfeinerung von P_n ist. Dann gilt die Kette von Ungleichungen $g_{P_1} \le g_{P_2} \le \cdots \le f \le \cdots \le h_{P_2} \le h_{P_1}$. Für die borelmessbaren Funktionen

$$g := \sup_n g_{P_n}, \quad h := \inf_n h_{P_n}$$

folgt $g \le f \le h$. Weil $w(P_n)$ gegen 0 strebt, gilt

$$\{g < h\} \subset D \subset \{g < h\} \cup Q,$$

wobei Q die Menge aller Partitionspunkte aus P_1, $P_2, \ldots$ bezeichnet. Da Q abzählbar ist, ist mit $\{g < h\}$ auch D eine Borelmenge, und

$$\lambda(g < h) = \lambda(D).$$

Außerdem gilt $f \cdot 1_C = g \cdot 1_C$, also ist $f \cdot 1_C$ borelmessbar. Dies beweist (i).

(ii) Nach dem Satz von der dominierten Konvergenz gilt

$$\int g\,d\lambda = \lim_n U_{P_n}, \quad \int h\,d\lambda = \lim_n O_{P_n}.$$

Wegen $g \le h$ gilt also $g = h$ f.ü. genau dann, wenn $\lim_n U_{P_n} = \lim_n O_{P_n}$. Im letzteren Fall heißt f riemannintegrierbar (üblicherweise betrachtet man dann äquidistante Partitionen, aber wir sehen, dass dies nichts zur Sache tut). Also ist D genau dann Nullmenge, wenn f riemannintegrabel ist. Dann folgt $g = f \cdot 1_C$ f.ü. und

$$\int_a^b f(x)\,dx = \lim_n U_{P_n} = \int g\,d\lambda = \int f \cdot 1_C\,d\lambda.$$

Dies ist die Behauptung. □

Die Aussage gilt genauso für das d-dimensionale Lebesguemaß. Die Borelmessbarkeit der Menge der Stetigkeitspunkte ist uns schon aus Aufgabe 2.9 bekannt.

Das Riemannintegral, das gern in der Lehre verwendet wird, hat Mängel, die es für viele Zwecke in Analysis und Wahrscheinlichkeitstheorie unbrauchbar machen. Ihm fehlt es an wesentlichen Eigenschaften wie dem Satz von der monotonen Konvergenz. Das Lebesgueintegral heilt diese Schwächen.

Übungsaufgaben

Aufgabe 5.1 Sei f μ-integrierbar. Folgern Sie (etwa mittels dominierter Konvergenz), dass $n\mu(|f| \geq n) \to 0$ für $n \to \infty$ gilt.

Aufgabe 5.2 Sei $a > 1$. Zeigen Sie: Die messbare Funktion $f : S \to \mathbb{R}$ ist genau dann μ-integrierbar, wenn

$$\sum_{i=-\infty}^{\infty} a^i \mu(a^{i-1} \leq |f| < a^i) < \infty.$$

Ist μ ein endliches Maß, so ist die Bedingung auch äquivalent zu

$$\sum_{n=1}^{\infty} \mu(|f| \geq n) < \infty.$$

Aufgabe 5.3 Beweisen Sie für $n \to \infty$

$$\int_0^n (1 - x/n)^n dx \to \int_0^\infty e^{-x} dx.$$

Hinweis: Es gilt $1 - t \leq e^{-t}$.

Aufgabe 5.4 Sei $f \geq 0$ eine messbare Funktion mit $0 < c := \int f\,d\mu < \infty$, und sei $0 < a < \infty$. Zeigen Sie:

$$\lim_{n\to\infty} \int n\log(1 + (f/n)^a)\, d\mu = \begin{cases} \infty & \text{für } a < 1, \\ c & \text{für } a = 1, \\ 0 & \text{für } a > 1. \end{cases}$$

Hinweis: Benutzen Sie das Lemma von Fatou und den Satz von der dominierten Konvergenz. Es gilt $\log(1 + x^a) \le ax$ für $x \ge 0$, $a \ge 1$.

Aufgabe 5.5 Sei μ ein endliches Maß und $f_1, f_2, \ldots$ eine Folge $\bar{\mathbb{R}}$-wertiger messbarer Funktionen. Zeigen Sie die Äquivalenz der Aussagen:

(i) $f_1, f_2, \ldots$ sind gleichgradig integrierbar.
(ii) Für alle $\varepsilon > 0$ gibt es eine reelle Zahl $c > 0$, so dass

$$\sup_{n\ge 1} \int_{\{|f_n|>c\}} |f_n|\, d\mu \le \varepsilon.$$

(iii) Es gibt eine nichtnegative Funktion $\varphi : \mathbb{R}^+ \to \mathbb{R}^+$ mit $\varphi(x)/x \to \infty$ für $x \to \infty$ und

$$\sup_{n\ge 1} \int \varphi(|f_n|)\, d\mu < \infty.$$

φ kann konvex gewählt werden.
Hinweis: Machen Sie den Ansatz $\varphi(x) = \sum_{i\ge 1}(x - c_i)^+$ mit $0 \le c_i \uparrow \infty$.

Aufgabe 5.6 Beweisen Sie die Gleichung

$$\int_0^\infty \frac{e^{-x} - e^{-ux}}{x}\, dx = \log u, \quad u > 0,$$

durch Differenzieren.

Aufgabe 5.7 Zeigen Sie für

$$F(t) := \int_{-\infty}^\infty e^{-x^2/2}\cos(tx)\, dx$$

$F'(t) + tF(t) = 0$. Folgern Sie

$$\int_{-\infty}^\infty e^{-x^2/2}\cos(tx)\, dx = F(0)e^{-t^2/2}.$$

Hinweis: In Kap. 8 beweisen wir $F(0) = \sqrt{2\pi}$.

Konvergenz

6

Bisher hatten wir zwei Typen von Konvergenz messbarer Funktionen im Blick: monotone Konvergenz und Konvergenz fast überall. Beides sind Begriffe, die sich aus der Konvergenz der Funktionen in Punkten des Grundraumes ergeben. Für die beiden wichtigen Konvergenzbegriffe dieses Kapitels, Konvergenz im Mittel und Konvergenz im Maß, ist dies nicht mehr der Fall. Wir werden aber sehen, dass die Konvergenz fast überall dann doch wieder ins Spiel kommt.

6.1 Konvergenz im Mittel und die Räume $L_p(\mu)$

Definition

Sei $p \geq 1$. Sei μ ein Maß und seien f und $f_1, f_2, \ldots$ reellwertige messbare Funktionen mit $\int |f|^p \, d\mu < \infty$ und $\int |f_n|^p \, d\mu < \infty$ für alle n. Dann heißt die Folge $f_1, f_2, \ldots$ *im p-ten Mittel gegen* f *konvergent,* falls für $n \to \infty$

$$\int |f_n - f|^p \, d\mu \to 0.$$

Wir schreiben

$$f_n \xrightarrow{p} f.$$

Von grundlegender Bedeutung ist, dass sich die Konvergenz im Mittel als Konvergenz in einer Halbnorm begreifen lässt. Diesen Gesichtspunkt wollen wir nun herausarbeiten. Für Leser, die den Begriff der (Halb-)norm nachschlagen wollen, sei auf den Anfang von Kap. 13 verwiesen.

© Springer Basel AG 2019
M. Brokate und G. Kersting, *Maß und Integral,* Mathematik Kompakt,
https://doi.org/10.1007/978-3-0348-0988-7_6

Sei für $1 \le p < \infty$

$$\mathcal{L}_p(\mu) = \mathcal{L}_p(S; \ \mu) := \left\{ f : S \to \mathbb{R} : f \text{ ist messbar}, \ \int |f|^p \, d\mu < \infty \right\}.$$

$\mathcal{L}_1(\mu)$ ist die Menge der integrierbaren Funktionen. Wie man aus der Abschätzung $|f + g|^p \le$ $(|f| + |g|)^p \le (2|f|)^p + (2|g|)^p$ bzw.

$$\int |f + g|^p \, d\mu \le 2^p \int |f|^p \, d\mu + 2^p \int |g|^p \, d\mu$$

erkennt, ist $\mathcal{L}_p(\mu)$ ein Vektorraum. Wir setzen

$$N_p(f) := \left(\int |f|^p \, d\mu \right)^{1/p}.$$

Ergänzend sei

$$\mathcal{L}_\infty(\mu) := \{ f : S \to \mathbb{R} : \ f \text{ ist messbar}, \ |f| \le c \text{ f.ü.für ein } c \ < \infty \}$$

und

$$N_\infty(f) := \inf\{ c > 0 : |f| \le c \ \mu - \text{f.ü.} \},$$

das *essentielle Supremum* von $|f|$. Es gilt $N_p(f) \to N_\infty(f)$ für $p \to \infty$ (Übung).

Nun erfüllen die Ausdrücke $N_p(f)$ wesentliche Eigenschaften einer Norm. Offenbar gilt

$$N_p(\alpha f) = |\alpha| N_p(f)$$

für alle $1 \le p \le \infty$ und allen reelle Zahlen α. Weniger offensichtlich ist, dass die Dreiecks-ungleichung erfüllt ist.

Satz 6.1 (Minkowski-Ungleichung[1]) *Für messbare Funktionen* $f, g : S \to \mathbb{R}$ *und für* $1 \le p \le \infty$ *gilt*

$$N_p(f + g) \le N_p(f) + N_p(g).$$

---

[1]HERMANN MINKOWSKI, 1864–1909, geb. in Kaunas, tätig in Bonn, Königsberg, Zürich und Göttingen. Für seine Beiträge zur Zahlentheorie, konvexen Geometrie und Relativitätstheorie wurde er berühmt.

Beweis Für $p = 1$ folgt die Behauptung direkt aus $|f + g| \leq |f| + |g|$. Der Fall $p = \infty$ ist ähnlich einfach.

Sei also $1 < p < \infty$. Dann gilt $1/p + 1/q = 1$ für $q := p/(p - 1) > 1$. Es folgt

$$\int |f + g|^p \, d\mu \leq \int |f||f + g|^{p-1} \, d\mu + \int |g||f + g|^{p-1} \, d\mu$$

und mithilfe der Hölder-Ungleichung

$$\int |f + g|^p \, d\mu \leq \left[\left(\int |f|^p \, d\mu \right)^{1/p} + \left(\int |g|^p \, d\mu \right)^{1/p} \right] \left(\int |f + g|^{(p-1)q} \right)^{1/q}$$

Wegen $(p - 1)q = p$ und $1 - 1/q = 1/p$ folgt die Behauptung. Die speziellen Fälle der Gestalt $\int |f + g|^p \, d\mu = 0$ und $\int |f|^p \, d\mu = \infty$ bzw. $\int |g|^p \, d\mu = \infty$ sind gesondert zu betrachten, sie sind trivial.   □

Ein weiterer wichtiger Sachverhalt ist, dass die Konvergenz im Mittel vollständig ist.

Satz 6.2   (Satz von Riesz[2]-Fischer[3]) *Sei* $1 \leq p \leq \infty$ *und sei* $f_1, f_2, \ldots$ *eine Cauchy-Folge in* $\mathcal{L}_p(\mu)$, *d.h.*

$$\lim_{m,n \to \infty} N_p(f_m - f_n) = 0.$$

Dann gibt es ein $f \in \mathcal{L}_p(\mu)$, *so dass*

$$\lim_{n \to \infty} N_p(f_n - f) = 0.$$

Der Kern des Beweises besteht darin, durch Übergang zu einer geeigneten Teilfolge von Funktionen den Zusammenhang zur Konvergenz fast überall herzustellen. Diesen Schritt behandeln wir im nächsten Lemma.

---

[2]FRIGYES RIESZ, 1880–1956, geb. in Györ, tätig in Klausenburg, Szeged und Budapest. Er ist vor allem für seine bedeutenden Beiträge zur Funktionalanalysis bekannt.
[3]ERNST FISCHER, 1875–1954, geb. in Wien, tätig in Brünn, Erlangen und Köln. Gewürdigt wurde auch sein Einfluss auf die Entwicklung der abstrakten Algebra. 1938 wurde er wegen seiner jüdischen Herkunft zwangsemeritiert, nahm aber 1945 seine Lehrtätigkeit in Köln wieder auf.

Lemma *Sei μ ein Maß und sei $f_1, f_2, \ldots$ eine Folge reellwertiger messbarer Funktionen mit*

$$\lim_{m,n\to\infty} \mu(|f_m - f_n| > \varepsilon) = 0$$

fur alle $\varepsilon > 0$. Dann enthält die Folge eine f.ü. konvergente Teilfolge.

Beweis Nach Annahme gibt es eine Folge $1 \le n_1 < n_2 < \cdots$, so dass für alle $m > n_k$

$$\mu(|f_m - f_{n_k}| > 2^{-k}) \le 2^{-k}$$

gilt. Es folgt $\mu(|f_{n_{k+1}} - f_{n_k}| > 2^{-k}) \le 2^{-k}$. Bilden wir nun die messbare Funktion $g := \sum_{k\ge 1} 1_{\{|f_{n_{k+1}} - f_{n_k}| > 2^{-k}\}}$, also die Anzahl der k mit $|f_{n_{k+1}} - f_{n_k}| > 2^{-k}$, so gilt $\int g \, d\mu = \sum_{k\ge 1} \mu(|f_{n_{k+1}} - f_{n_k}| > 2^{-k}) < \infty$. Es folgt $g < \infty$ f.ü., d.h.

$$\mu(|f_{n_{k+1}} - f_{n_k}| > 2^{-k} \text{ für } \infty\text{-viele } k) = 0.$$

Dies bedeutet, dass die Reihe $\sum_{k\ge 1} |f_{n_{k+1}} - f_{n_k}|$ f.ü. konvergiert und folglich die Funktionen $f_{n_m} = f_{n_1} + \sum_{k=1}^{m-1} (f_{n_{k+1}} - f_{n_k})$ f.ü. gegen eine messbare Funktion f konvergieren. Dies ist die Behauptung. $\quad\square$

Beweis des Satzes von Riesz-Fischer Für $p < \infty$ gilt nach der Markov-Ungleichung für alle $\varepsilon > 0$

$$\mu(|f_m - f_n| > \varepsilon) \le \frac{1}{\varepsilon^p} \int |f_m - f_n|^p \, d\mu.$$

Nach Annahme und nach dem Lemma gibt es also eine messbare Funktion f und eine gegen f f.ü. konvergente Teilfolge $f_1, f_2, \ldots$ Nach dem Lemma von Fatou folgt für alle $m \ge 1$

$$\int |f_m - f|^p \, d\mu \le \liminf_{k\to\infty} \int |f_m - f_{n_k}|^p \, d\mu \le \sup_{n\ge m} \int |f_m - f_n|^p \, d\mu.$$

Nach Annahme ist dieses Supremum endlich, daher gehört $f - f_m$ zu $\mathcal{L}_p(\mu)$, und also auch f. Weiter konvergiert nach Annahme das Supremum mit $m \to \infty$ gegen 0. Dies ergibt die Behauptung. Der Fall $p = \infty$ ist ähnlich. $\quad\square$

Die Räume $\mathcal{L}_p(\mu)$ weisen damit Eigenschaften auf, wie sie von den Euklidischen Räumen wohlbekannt sind. Auch ordnet sich der $\mathbb{R}^d$ zwanglos ein. Wählen wir nämlich

$$\mu(A) := \#A \text{ für } A \subset S := \{1, \ldots, d\},$$

so folgt für $f : \{1, \dots, d\} \to \mathbb{R}$

$$N_p(f) = \Big(\sum_{i=1}^{d} |f(i)|^p \Big)^{1/p},$$

und wir gelangen für $p = 2$ zu der gewöhnlichen Euklidischen Norm auf dem $\mathbb{R}^d$.

Eine Eigenschaft von Normen ist jedoch nicht erfüllt: Aus $N_p(f) = 0$ folgt im Allgemeinen nicht $f = 0$. Nach Satz 4.2 kann man dann immerhin $|f|^p = 0$ f.ü. folgern, also $f = 0$ f.ü. Genauso ist der Grenzwert einer im p-ten Mittel konvergenten Folge nur f.ü. eindeutig bestimmt. Es lassen sich also nicht alle Folgerungen ziehen, wie man sie für den $\mathbb{R}^d$ kennt.

Um diesen Mangel zu beheben, führt man neue Räume ein. Dabei macht man sich zunutze, dass die Gleichheit f.ü. eine Äquivalenzrelation ist, und arbeitet anstelle von Funktionen f mit den Äquivalenzklassen

$$[f] := \{g : g = f \text{ f.ü.}\}.$$

Für $1 \le p \le \infty$ setzen wir

$$L_p(\mu) := \{[f] : f \in \mathcal{L}_p(\mu)\}$$

sowie für $f, g \in \mathcal{L}_p(\mu)$, $\alpha, \beta \in \mathbb{R}$

$$\alpha[f] + \beta[g] := [\alpha f + \beta f],$$

$$||[f]||_p := N_p(f).$$

Offenbar sind alle Größen wohldefiniert. Wir können also unsere Überlegungen in dem folgenden Satz zusammenfassen.

Satz 6.3 *Für $1 \le p \le \infty$ bildet $L_p(\mu)$ zusammen mit $|| \cdot ||_p$ einen Banachraum, d. h. einen normierten Vektorraum, der vollständig ist bzgl. der durch die Norm induzierten Konvergenz.*

Im Fall $p = 2$ können wir aufgrund der Cauchy-Schwarz-Ungleichung auch ein Skalarprodukt

$$([f], [g]) := \int fg \, d\mu$$

einführen. Damit wird der $L_2(\mu)$ zum Hilbertraum, und die Analogie zu den Euklidischen Vektorräumen ist perfekt. Diesen Gesichtspunkt bauen wir in den Kap. 12 und 13 weiter aus.

Die Räume $L_2(\mu)$ werden gern als Funktionenräume bezeichnet und die Äquivalenzklassen als Funktionen geschrieben. Man schreibt also $||f||$ und (f, g) anstelle von $||[f]||$ und von $([f], [g])$. Das liegt daran, dass man statt mit Äquivalenzklassen häufig mit Repräsentanten rechnet, und auch daran, dass man eine Äquivalenzklasse, wenn sie eine glatte Funktion f enthält, mit dieser identifizieren kann.

Im Allgemeinen kann man einer Äquivalenzklasse jedoch an Stellen $x \in S$ vom Maß 0 keinen Wert zuordnen, wie dies bei Funktionen geschieht. Man kann dort nämlich den Wert eines Repräsentanten beliebig einstellen.

6.2   Konvergenz im Maß

Konvergenz im Maß spielt insbesondere in der Stochastik eine wichtige Rolle (man spricht dort von stochastischer Konvergenz oder Konvergenz in Wahrscheinlichkeit).

Definition

Sei μ ein Maß und seien $f, f_1, f_2, \ldots$ messbare reellwertige Funktionen auf S. Wir sagen dann, dass $f_1, f_2, \ldots$ *im Maß* μ, kurz *im Maß, gegen* f *konvergieren,* falls

$$\lim_{n \to \infty} \mu(|f_n - f| > \varepsilon) = 0$$

für alle $\varepsilon > 0$.

Der Grenzwert f ist f.ü. eindeutig. Ist nämlich $\bar{f}$ ein weiterer Grenzwert, so folgt die Gleichung $\mu(|f - \bar{f}| > \varepsilon) = 0$ und mit $\varepsilon \to 0$ auch $\mu(|f - \bar{f}| > 0) = 0$.

Man kann Konvergenz im Maß als einen Begriff motivieren, der eine Eigenheit der Konvergenz f.ü. ausgleicht. Konvergenz f.ü. weist eine Besonderheit auf, die sonst für Konvergenz von Folgen untypisch ist: Es ist im Allgemeinen nicht so, dass eine Folge genau dann f.ü. konvergiert, wenn jede Teilfolge eine f.ü. konvergente Teilteilfolge besitzt. Dagegen gilt der folgende Zusammenhang.

Satz 6.4 *Sei* μ *ein Maß und seien* $f, f_1, f_2, \ldots,$ *messbare reellwertige Funktionen auf* S. *Für die Aussagen*

(i) $f_1, f_2, \ldots$ *konvergieren im Maß gegen* f,
(ii) jede Teilfolge von $f_1, f_2, \ldots$ *enthält eine Teilteilfolge, die f.ü. gegen* f *konvergiert,*

gilt dann (i) $\Rightarrow$ (ii). *Für endliche Maße gilt sogar* (i) $\Leftrightarrow$ (ii).

Beweis Sei (i) erfüllt. Dann lässt sich (ähnlich wie im Beweis des letzten Lemmas) zu jeder Teilfolge der natürlichen Zahlen eine Teilteilfolge $1 \leq n_1 < n_2 < \cdots$ finden, so dass

$$\mu(|f_{n_k} - f| > 2^{-k}) \leq 2^{-k}.$$

Für $g := \sum_{k \geq 1} 1_{\{|f_{n_k} - f| > 2^{-k}\}}$ folgt $\int g \, d\mu < \infty$ und damit $g < \infty$ f.ü. oder

$$\mu(|f_{n_k} - f| > 2^{-k} \text{ für } \infty\text{-viele } k) = 0.$$

Dies bedeutet, dass $f_{n_1}, f_{n_2}, \ldots$ f.ü. gegen f konvergiert. Damit ist (ii) bewiesen.

Sei umgekehrt (ii) erfüllt und $1 \leq n_1 < n_2 < \cdots$ eine der unter (ii) genannten Teilteilfolgen. Für $\varepsilon > 0$ folgt dann $1_{\{|f_{n_k} - f| > \varepsilon\}} \to 0$ f.ü. für $k \to \infty$. Im Falle eines endlichen Maßes ergibt der Satz von der dominierten Konvergenz

$$\mu(|f_{n_k} - f| > \varepsilon) = \int 1_{\{|f_{n_k} - f| > \varepsilon\}} \, d\mu \to 0.$$

Es enthält also jede Teilfolge der reellen Folge $\mu(|f_n - f| > \varepsilon)$ eine gegen 0 konvergente Teilteilfolge. Dann konvergiert bereits die gesamte Folge gegen 0. Also gilt (i). $\square$

Insbesondere ist bei endlichen Maßen jede f.ü. konvergente Folge auch im Maß konvergent. Die Umkehrung gilt nicht.

Beispiel

Sei $f_1, f_2, \ldots$ eine Aufzählung der charakteristischen Funktionen $1_{I_{k,m}}$ der Intervalle $I_{k,m} = [\frac{k-1}{m}, \frac{k}{m})$ mit $k, m \in \mathbb{N}$ und $1 \leq k \leq m$ in irgend einer Reihenfolge, zum Beispiel $f_n = 1_{I_{k,m}}$ mit $n = k + m(m-1)/2$. Dann sind die Funktionen $f_1, f_2, \ldots$ nirgendwo im Intervall $[0, 1)$ konvergent, jedoch konvergieren $f_1, f_2, \ldots$ im Maß gegen 0, bzgl. des auf $[0, 1)$ eingeschränkten Lebesguemaßes.

Die Konvergenz im Maß ist der Konvergenz f.ü. auch insofern überlegen, als sie vollständig ist im Sinne des folgenden Satzes.

Satz 6.5 *Sei μ ein Maß und seien $f_1, f_2, \ldots$ messbare reellwertige Funktionen mit der Eigenschaft*

$$\lim_{m,n \to \infty} \mu(|f_m - f_n| > \varepsilon) = 0$$

für alle $\varepsilon > 0$. Dann gibt es eine messbare Funktion $f : S \to \mathbb{R}$, so dass $f_1, f_2, \ldots$ im Maß gegen f konvergieren.

Beweis Nach obigem Lemma gibt es eine Teilfolge $f_{n_1}, f_{n_2}, \ldots$, die f.ü. gegen eine messbare Funktion f konvergiert. Es folgt $1_{\{|f_m - f| > \varepsilon\}} \leq \liminf_{k \to \infty} 1_{\{|f_m - f_{n_k}| > \varepsilon\}}$ f.ü. Mit dem Lemma von Fatou erhalten wir für alle $m \geq 1$

$$\mu(|f_m - f| > \varepsilon) \leq \liminf_{k \to \infty} \mu(|f_m - f_{n_k}| > \varepsilon) \leq \sup_{n \geq m} \mu(|f_m - f_n| > \varepsilon).$$

Mit $m \to \infty$ folgt nach Annahme die Behauptung.   □

Die Konvergenz im Maß lässt sich darüber hinaus metrisieren, wir kommen darauf in Aufgabe 6.3 zurück. Der vorige Satz lässt sich also auch so ausdrücken: Jede Cauchyfolge (in solch einer Metrik) ist konvergent.

6.3   Der Zusammenhang zwischen den Konvergenztypen*

Wir setzen nun noch die Konvergenz im Mittel zur Konvergenz im Maß in Beziehung. Der erste Konvergenzbegriff ist der stärkere. Genauer gilt der folgende Satz von F. Riesz.

Satz 6.6 *Seien f und $f_1, f_2, \ldots$ Elemente von $\mathcal{L}_p(\mu)$ für ein $1 \leq p < \infty$. Dann sind folgende Aussagen äquivalent:*

(i) $f_n \xrightarrow{p} f$,
(ii) $f_1, f_2, \ldots$ konvergiert im Maß gegen f und $\int |f_n|^p \, d\mu \to \int |f|^p \, d\mu$ für $n \to \infty$.

Beweis (i) $\Rightarrow$ (ii): Aus der Markov-Ungleichung

$$\mu(|f_n - f| \geq \varepsilon) \leq \frac{1}{\varepsilon^p} \int |f_n - f|^p \, d\mu$$

folgt die Konvergenz im Maß. Aus der Minkowski-Ungleichung folgt

$$|N_p(f_n) - N_p(f)| \leq N_p(f_n - f) \to 0$$

und damit die Konvergenz $\int |f_n|^p \, d\mu \to \int |f|^p \, d\mu$.

(ii) $\Rightarrow$ (i): Nach Satz 6.4 gibt es zu jeder Teilfolge der natürlichen Zahlen eine Teilteilfolge $1 \leq n_1 < n_2 < \cdots$, so dass $f_{n_1}, f_{n_2}, \ldots$ f.ü. gegen f konvergiert. Das Lemma von Fatou, angewandt auf $2^p(|f|^p + |f_{n_k}|^p) - |f_{n_k} - f|^p \geq 0$, ergibt

$$2^p \int 2 \cdot |f|^p \, d\mu \leq \liminf_{k \to \infty} \left(2^p \int |f|^p \, d\mu + 2^p \int |f_{n_k}|^p \, d\mu - \int |f_{n_k} - f|^p \, d\mu \right).$$

Rechts und links taucht nach Annahme zweimal der Term $2^p \int |f|^p \, d\mu$ auf. Er ist nach Annahme endlich, deswegen folgt

$$\limsup_{k \to \infty} \int |f_{n_k} - f|^p \, d\mu \leq 0.$$

Insgesamt enthält jede Teilfolge eine Teilteilfolge, entlang der $N_p(f_n - f)$ gegen 0 konvergiert. Dies ist gleichbedeutend mit $N_p(f_n - f) \to 0$.   □

Bedingung (ii) des Satzes lässt sich noch weiter umformen mithilfe eines Begriffes, der etwas spezieller schon im letzten Kapitel angesprochen wurde.

Definition

Sei $p \geq 1$. Eine Folge $f_1, f_2, \ldots$ in $\mathcal{L}_p(\mu)$ heißt *gleichgradig (uniform) integrierbar*, genauer *gleichgradig p-integrierbar*, falls zu jedem $\varepsilon > 0$ ein messbares $g \geq 0$ mit $\int |g|^p \, d\mu < \infty$ existiert, so dass

$$\sup_{n \geq 1} \int_{\{|f_n| > g\}} |f_n|^p \, d\mu < \varepsilon.$$

Indem man g durch $g + |f_1| + \cdots + |f_k|$ ersetzt, kann man die ersten k Integrale des Supremums zu 0 machen, für beliebiges $k \geq 1$. Daran erkennt man, dass die letzte Forderung äquivalent ist zu

$$\limsup_{n \to \infty} \int_{\{|f_n| > g\}} |f_n|^p \, d\mu < \varepsilon,$$

Mit dieser Bedingung werden wir gleich arbeiten.

Satz 6.7   (Konvergenzsatz von Vitali) *Seien* f *und* $f_1, f_2, \ldots$ *Elemente von* $\mathcal{L}_p(\mu)$ *für ein* $1 \leq p < \infty$. *Dann sind folgende Aussagen äquivalent:*

(i) $f_n \overset{p}{\to} f$,

(ii') $f_1, f_2, \ldots$ *sind gleichgradig integrierbar und im Maß gegen* f *konvergent.*

Beweis Wir zeigen, dass (ii') äquivalent ist zur Aussage (ii) des vorangehenden Satzes.

(ii) ⇒ (ii'): $g := 2|f|$ gehört zu $\mathcal{L}_p(\mu)$. Sei $1 \leq n_1 < n_2 < \cdots$ wie im letzten Beweis eine Teilteilfolge, so dass $f_{n_1}, f_{n_2}, \ldots$ f.ü. gegen f konvergiert. Dass konvergiert $|f_{n_k}|^p 1_{\{|f_{n_k}| \leq g\}}$ f.ü. gegen $|f|^p$, und es folgt nach dem Satz von der dominierten Konvergenz (entlang Teilteilfolgen und damit entlang der Gesamtfolge)

$$\int\limits_{\{|f_n| \leq g\}} |f_n|^p \, d\mu \to \int |f|^p \, d\mu.$$

Nach Annahme von (ii) folgt

$$\int\limits_{\{|f_n| > g\}} |f_n|^p \, d\mu \to 0,$$

also die gleichgradige Integrierbarkeit.

(ii') ⇒ (ii): Gegeben $\varepsilon > 0$ sei $g \in \mathcal{L}_p(\mu)$ gemäß der Bedingung der gleichgradigen Integrierbarkeit gewählt. Ersetzen wir g durch $g' := g + 2|f|$, so können wir wie eben

$$\int\limits_{\{|f_n| \leq g'\}} |f_n|^p \, d\mu \to \int |f|^p \, d\mu$$

folgern. Dies ergibt

$$\limsup_{n \to \infty} \left| \int |f_n|^p \, d\mu - \int |f|^p \, d\mu \right| \leq \limsup_{n \to \infty} \int\limits_{\{|f_n| > g'\}} |f_n|^p \, d\mu < \varepsilon.$$

Mit $\varepsilon \to 0$ erhalten wir (ii).   □

Übungsaufgaben

Aufgabe 6.1 Beweisen Sie den Satz von Riesz-Fischer im Fall $p = \infty$.

Aufgabe 6.2 Sei $f_1 \leq f_2 \leq \cdots$ eine Folge von messbaren Funktionen, die im Maß gegen eine Funktion f konvergiert. Zeigen Sie, dass dann die Folge auch f.ü. gegen f konvergiert.

Aufgabe 6.3 Sei für messbare Funktionen $f, g : S \to \mathbb{R}$ und für ein Maß μ auf S

$$d(f, g) := \inf\{\varepsilon > 0 : \mu(|f - g| > \varepsilon) \leq \varepsilon\}.$$

Zeigen Sie: d ist eine Halbmetrik, d. h. d ist symmetrisch und d erfüllt die Dreiecksungleichung. d metrisiert die Konvergenz im Maß, d. h. $d(f_n, f) \to 0$ genau dann, wenn $f_n \to f$ im Maß μ.

Eindeutigkeit und Regularität von Maßen 7

Eindeutigkeitssätze dienen in der Maß- und Integrationstheorie dazu, Maße festzulegen und zu identifizieren. Der wichtigste dieser Sätze klärt, wann zwei Maße auf einer σ-Algebra $\mathcal{A}$ gleich sind, sofern sie auf einem Erzeuger $\mathcal{E}$ von $\mathcal{A}$ übereinstimmen. Das ist nicht immer der Fall: Auf $\{1, 2, 3, 4\}$ etwa erzeugt das System $\mathcal{E} := \{\{1, 2\}, \{2, 3\}\}$ die σ-Algebra aus allen Teilmengen, und die beiden W-Maße μ und ν mit den Gewichten $\mu_1 = \mu_2 = \mu_3 = \mu_4 = 1/4$ sowie $\nu_1 = \nu_3 = 1/2, \nu_2 = \nu_4 = 0$ stimmen auf $\mathcal{E}$ überein.

Deswegen kommt nun als neue Bedingung ins Spiel, dass $\mathcal{E}$ ein $\cap$-*stabiles Mengensystem* ist, dass also

$$\mathsf{E}, \mathsf{E}' \in \mathcal{E} \quad \Rightarrow \quad \mathsf{E} \cap \mathsf{E}' \in \mathcal{E}$$

gilt.

Satz 7.1 Eindeutigkeitssatz für Maße *Sei $\mathcal{E}$ ein $\cap$-stabiler Erzeuger der σ-Algebra $\mathcal{A}$ auf S und seien μ, ν zwei Maße auf $\mathcal{A}$. Falls*

(i) $\mu(\mathsf{E}) = \nu(\mathsf{E})$ *für alle* $\mathsf{E} \in \mathcal{E}$,
(ii) $\mu(\mathsf{S}) = \nu(\mathsf{S}) < \infty$ *oder* $\mu(\mathsf{E}_n) = \nu(\mathsf{E}_n) < \infty$ *für Mengen* $\mathsf{E}_1, \mathsf{E}_2, \ldots \in \mathcal{E}$ *mit* $\mathsf{E}_n \uparrow \mathsf{S}$,

so folgt $\mu = \nu$.

Im Fall $\mu(\mathsf{S}) = \nu(\mathsf{S}) < \infty$ kann man S ohne weiteres zum Erzeuger mit hinzunehmen. Daran erkennt man, dass die zweite der Bedingungen unter (ii) die allgemeinere ist.

© Springer Basel AG 2019
M. Brokate und G. Kersting, *Maß und Integral,* Mathematik Kompakt,
https://doi.org/10.1007/978-3-0348-0988-7_7

Beispiel (Lebesguemaß)

Das System aller endlichen Intervalle $[a, \ b)$, $a, b \in \mathbb{R}^d$ ist ein $\cap$-stabiler Erzeuger der Borel-σ-Algebra $\mathcal{B}^d$. Es enthält die Intervalle $[-n, n)^d$, $n \geq 1$, die endliches Lebesguemaß haben und deren Vereinigung den $\mathbb{R}^d$ ausschöpfen. Daher ist das Lebesguemaß λ^d durch seine Werte auf den Intervallen eindeutig festgelegt. Dies beweist einen Teil von Satz 3.2.

Beispiel (Borel-σ-Algebren)

Die Borel-σ-Algebra $\mathcal{B}^d$ auf dem $\mathbb{R}^d$ (oder allgemeiner auf einem metrischen Raum S) wird von den offenen Mengen erzeugt. Da S selbst offen ist und die offenen Mengen ein $\cap$-stabiles System bilden, ist ein endliches Maß μ auf $\mathcal{B}^d$ nach obigem Satz durch die Werte $\mu(O)$ für offenes $O \subset S$ bestimmt.

Es ist dann μ auch eindeutig bestimmt durch alle Integrale $\int f \, d\mu$ von stetigen, beschränkten Funktionen f. Ist nämlich $O \subset S$ offen, so ist der Abstand zwischen x und O^c

$$g(x) := d(x, \ O^c) = \inf\{|x - z| \ : \ z \notin O\}$$

eine stetige Funktion (genauer gilt $|g(x) - g(y)| \leq |x - y|$). Die stetigen, beschränkten Funktionen $f_n(x) := \min(1, ng(x))$ konvergieren punktweise und monoton gegen 1_O, nach dem Satz von der monotonen Konvergenz gilt daher $\int f_n d\mu \to \mu(O)$. Also ist μ eindeutig festgelegt.

Zum Beweis des Satzes kehren wir zurück zum Rechnen mit Mengensystemen, wie wir dies in Kap. 2 kennengelernt haben.

Definition

Ein System $\mathcal{D}$ von Teilmengen einer nichtleeren Menge S heißt *Dynkinsystem*[1], falls gilt

(i) $S \in \mathcal{D}$,

(ii) $A \in \mathcal{D} \ \Rightarrow \ A^c \in \mathcal{D}$,

(iii) $A_1, A_2, \ldots \in \mathcal{D} \ \Rightarrow \ \bigcup_{n \geq 1} A_n \in \mathcal{D}$, sofern $A_1, A_2, \ldots$ *paarweise disjunkte* Mengen sind.

Dynkinsysteme werden (anders als σ-Algebren) allein als technisches Hilfsmittel benutzt. Man braucht sie, um manche Mengensysteme als σ-Algebren zu erkennen. Dabei kommt zustatten, dass sich die Eigenschaft der $\cap$-Stabilität von Erzeugern weiter auf Dynkinsysteme vererbt. Dies ist der Kern des folgenden Sachverhaltes.

---

[1] EVGENII DYNKIN, geb. 1924 in Leningrad, tätig in Moskau und Cornell. Er trug wesentlich zu Lie-Algebren und zur Wahrscheinlichkeitstheorie bei.

Satz 7.2 *Sei $\mathcal{D}$ ein Dynkinsystem und $\mathcal{A}$ eine σ-Algebra mit $\cap$-stabilem Erzeuger $\mathcal{E}$. Gilt dann $\mathcal{E} \subset \mathcal{D} \subset \mathcal{A}$, so folgt $\mathcal{D} = \mathcal{A}$.*

Anders ausgedrückt: Das von einem $\cap$-stabilen Mengensystem erzeugte Dynkinsystem ist eine σ-Algebra.

Beweis Ohne Einschränkung sei $\mathcal{D}$ das kleinste $\mathcal{E}$ umfassende Dynkinsystem. Wir wollen zeigen, dass dann mit $\mathcal{E}$ auch $\mathcal{D}$ ein $\cap$-stabiles Mengensystem ist. Um dies zu beweisen, betrachten wir für alle $D \in \mathcal{D}$ das Mengensystem

$$\mathcal{D}_D := \{A \in \mathcal{D} : A \cap D \in \mathcal{D}\}.$$

Dann ist $\mathcal{D}_D$ ebenfalls ein Dynkin-System: Die Eigenschaften (i) und (iii) sind offenbar erfüllt. Auch gilt für $A \in \mathcal{D}_D$, dass die disjunkte Vereinigung $(A \cap D) \cup D^c$ zu $\mathcal{D}$ gehört, und damit auch ihr Komplement $A^c \cap D$. Dies ergibt Bedingung (ii).

Sei nun $E \in \mathcal{E}$. Dann folgt $\mathcal{E} \subset \mathcal{D}_E$, denn $\mathcal{E}$ ist nach Annahme $\cap$-stabil. Aus der Minimalität von $\mathcal{D}$ folgt $\mathcal{D}_E = \mathcal{D}$, mit anderen Worten: $D \cap E \in \mathcal{D}$ für alle $D \in \mathcal{D}$, $E \in \mathcal{E}$. Dies besagt, dass $\mathcal{E} \subset \mathcal{D}_D$ für alle $D \in \mathcal{D}$ gilt. Erneut ergibt die Minimalität von $\mathcal{D}$ die Gleichung $\mathcal{D}_D = \mathcal{D}$, nun für alle $D \in \mathcal{D}$. Definitionsgemäß bedeutet diese Gleichung die behauptete $\cap$-Stabilität von $\mathcal{D}$.

Nun können wir in $\mathcal{D}$ jede abzählbare Vereinigung als disjunkte Vereinigung umformen, nach dem Schema

$$\bigcup_{n \geq 1} A_n = A_1 \cup \bigcup_{n \geq 2} \left(A_n \cap A_1^c \cap \cdots \cap A_{n-1}^c\right).$$

Daher ist $\mathcal{D}$ eine σ-Algebra. Da $\mathcal{A}$ die kleinste σ-Algebra ist, die $\mathcal{E}$ umfasst, folgt die Behauptung. $\qquad\Box$

Beweis des Eindeutigkeitssatzes Seien $E_n \in \mathcal{E}$ mit $\mu(E_n) = \nu(E_n) < \infty$ und $E_n \uparrow S$. Dann ist nach den Eigenschaften von Maßen

$$\mathcal{D}_n := \{A \in \mathcal{A} : \mu(A \cap E_n) = \nu(A \cap E_n)\}$$

ein Dynkinsystem. Da $\mathcal{E}$ $\cap$-stabil ist folgt $\mathcal{E} \subset \mathcal{D}_n \subset \mathcal{A}$ und also nach dem vorigen Satz $\mathcal{D}_n = \mathcal{A}$. Es gilt also $\mu(A \cap E_n) = \nu(A \cap E_n)$ für alle $A \in \mathcal{A}$. Der Grenzübergang $n \to \infty$ gibt nun die Behauptung. $\qquad\Box$

7.1   Regularität*

Wir behandeln nun Situationen, in denen ein expliziterer Zusammenhang zwischen den Werten $\mu(E)$ eines Maßes auf einem Erzeuger $\mathcal{E}$ und seinen anderen Werten $\mu(A)$ besteht. Dazu bilden wir den Ausdruck

$$\mu^*(A) := \inf\left\{\sum_{m\geq 1}\mu(E_m) : E_1, E_2, \ldots \in \mathcal{E}, A \subset \bigcup_{m\geq 1} E_m\right\}, \quad A \subset S,$$

der allein durch die Einschränkung von μ auf $\mathcal{E}$ bestimmt ist. Man betrachtet also endliche oder abzählbar unendliche Überdeckungen von A mit Elementen aus dem Erzeuger, deren Maß in der Summe möglichst klein ist.

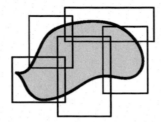

Nach den Eigenschaften von Maßen (Monotonie und Sub-σ-Additivität) folgt

$$\mu(A) \leq \mu^*(A)$$

für alle $A \in \mathcal{A}$. Außerdem gilt.

$$\mu(E) = \mu^*(E)$$

für alle $E \in \mathcal{E}$, denn E kann man mit sich selbst überdecken. Unter welchen Umständen kann man auf $\mu(A) = \mu^*(A)$ auch für andere $A \in \mathcal{A}$ schließen? Diese Fragestellung führt uns in Anlehnung an Carathéodory[2] zu folgender Definition (sie ist etwas allgemeiner als üblich formuliert: wir beschränken uns nicht nur auf Borel-σ-Algebren).

Definition

Sei μ ein Maß auf der σ-Algebra $\mathcal{A}$ und sei $\mathcal{E}$ ein Erzeuger von $\mathcal{A}$. Dann heißt μ *von außen regulär* (in Bezug auf $\mathcal{E}$), falls

$$\mu(A) = \inf\left\{\sum_{m\geq 1}\mu(E_m) : E_1, E_2, \ldots \in \mathcal{E}_1, A \subset \bigcup_{m\geq 1} E_m\right\}$$

für alle $A \in \mathcal{A}$ gilt.

---

[2]CONSTANTIN CARATHÉODORY, 1873–1950, geb. in Berlin, tätig an mehreren deutschen Universitäten, in Athen und schließlich ab 1924 in München. Er trug wesentlich bei zur Maß- und Integrationstheorie, Variationsrechnung, Funktionentheorie und zur Axiomatik der Thermodynamik. 1920–1922 war er Gründungsrektor der Universität Smyrna.

Manche Erzeuger scheiden hier von vornherein aus, etwa der Erzeuger der Borel-σ-Algebra in $\mathbb{R}$, bestehend aus den Intervallen $(-\infty, \; x] \subset \mathbb{R}$, mit denen man Borelmengen nicht passgenau überdecken kann. Aber auch bei geeigneteren Erzeugern ist nicht jedes Maß von außen regulär.

Beispiel

Dem Zählmaß $\mu(B) := \#B$ auf der Borel-σ-Algebra in $\mathbb{R}$, oder auch dem σ-endlichen Maß $\mu(B) := \#B \cap \mathbb{Q}$, fehlt die äußere Regularität bzgl. des Erzeugers, der aus den offenen Mengen besteht.

In der Regel hat man es aber mit Maßen zu tun, die von außen regulär sind bzgl. eines übersichtlichen Erzeugers. Dies gilt jedenfalls für die Maße, die nach der Methode von Carathéodory konstruiert sind. Wir kommen darauf in Kap. 11 zu sprechen.

Unter Hinzunahme von äußerer Regularität kann man dem Eindeutigkeitssatz für Maße, den folgenden manchmal nützlichen Vergleichssatz zur Seite stellen.

Satz 7.3 Vergleichssatz *Seien μ und ν Maße auf einer σ-Algebra $\mathcal{A}$ mit Erzeuger $\mathcal{E}$. Gilt*

$$\nu(E) \leq \mu(E)$$

für alle $E \in \mathcal{E}$ und ist μ von außen regulär bzgl. $\mathcal{E}$, so folgt $\nu \leq \mu$.

Beweis Sei $A \in \mathcal{A}$ und $A \subset \bigcup_{m \geq 1} E_m$ mit $E_m \in \mathcal{E}$. Nach den Eigenschaften von Maßen und nach Annahme folgt

$$\nu(A) \leq \sum_{m \geq 1} \nu(E_m) \leq \sum_{m \geq 1} \mu(E_m).$$

Indem wir rechts das Infimum über alle Überdeckungen bilden, folgt aus der äußeren Regularität $\nu(A) \leq \mu(A)$, die Behauptung. $\quad\square$

Insbesondere ist ein von außen reguläres Maß maximal unter allen Maßen, die auf $\mathcal{E}$ übereinstimmen.

Wir gehen nun der Frage nach, wie man äußere Regularität am Erzeuger ablesen kann.

Satz 7.4 *Sei $\mathcal{E}$ ein $\cap$-stabiler Erzeuger der σ-Algebra $\mathcal{A}$ auf S mit $\emptyset \in \mathcal{E}$. Sei weiter μ ein Maß auf $\mathcal{A}$, für das Mengen E_1, E_2, $\ldots \in \mathcal{E}$ existieren mit den Eigenschaften $E_n \uparrow S$ und $\mu(E_n) < \infty$ für alle $n \geq 1$. Gilt dann*

$$\mu(E' \setminus E) = \mu^*(E' \setminus E) \quad \text{für alle} \quad E, E' \in \mathcal{E} \text{ mit } E \subset E',$$

so ist μ bzgl. $\mathcal{E}$ von außen regulär.

Den Beweis führen wir in Kap. 11.

Beispiel (Halbringe, äußere Regularität des Lebesguemaßes)

Ein $\cap$-stabiles Mengensystem $\mathcal{E}$ mit $\emptyset \in \mathcal{E}$ heißt *Halbring*, falls es für alle $E, E' \in \mathcal{E}$ mit $E \subset E'$ disjunkte Mengen E_1, $E_2, \ldots \in \mathcal{E}$ gibt, so dass $E' \setminus E = \bigcup_{m \geq 1} E_m$. In diesem Fall gilt $\sum_{m \geq 1} \mu(E_m) = \mu(E' \setminus E)$ und folglich

$$\mu^*(E' \setminus E) = \mu(E' \setminus E).$$

Lässt sich zusätzlich S mit Erzeugerelementen E_n, $n \geq 1$, endlichen Maßes ausschöpfen, so sind die Voraussetzungen des Satzes erfüllt, und μ ist von außen regulär. Deswegen ist das d-dimensionale Lebesguemaß von außen regulär in Bezug auf den Erzeuger $\mathcal{E}$ der Borel-σ-Algebra $\mathcal{B}^d$, der aus allen d-dimensionalen Intervallen

$$E = [a, b), \quad a, b \in \mathbb{R}^d$$

besteht. Offenbar liegt ein Halbring vor, außerdem gilt $E_m \uparrow \mathbb{R}^d$ und $\lambda^d(E_n) < \infty$ für $E_n := [-n, n)^d$.

Nun kommen wir auf den wichtigen Fall zu sprechen, dass der Erzeuger aus den offenen Mengen eines metrischen Raumes besteht. Hier leistet unser Satz das Folgende.

Satz 7.5 *Sei μ ein Maß auf der Borel-σ-Algebra eines metrischen Raumes S, für das es offene Mengen E_1, E_2, $\ldots \subset S$ gibt mit $E_n \uparrow S$ und $\mu(E_n) < \infty$ für alle $n \geq 1$. Dann ist μ von außen regulär. Genauer gilt für alle Borelmengen B*

$$\mu(B) = \inf\{\mu(O) : O \supset B, O \text{ ist offen}\}$$

und

$$\mu(B) = \sup\{\mu(A) : A \subset B, A \text{ ist abgeschlossen}\}.$$

Beweis Sei zunächst μ endlich. Wir prüfen die Bedingungen des letzten Satzes nach: Die offenen Mengen bilden ein $\cap$-stabiles Mengensystem, das die leere Menge enthält.

Seien weiter $O \subset O'$ offene Mengen. Dann ist $A := O^c$ abgeschlossen und deswegen gilt für jede Nullfolge $\varepsilon_1 > \varepsilon_2 > \cdots > 0$ von reellen Zahlen

$$O^c = \bigcap_{n=1}^{\infty} A^{\varepsilon_n}$$

mit $A^{\varepsilon} := \{x \in S : d(x, y) < \varepsilon \text{ für ein } y \in A\}$ (der offenen ε-Umgebung von A in der Metrik d). Wegen der Endlichkeit von μ folgt mittels der σ-Stetigkeit von Maßen, dass $\mu(O' \backslash O) = \lim_{n \to \infty} \mu(A^{\varepsilon_n} \cap O')$. Außerdem wird $O' \backslash O$ für alle $\varepsilon > 0$ von der offenen Menge $A^{\varepsilon} \cap O'$ überdeckt. Insgesamt erhalten wir

$$\mu^*(O' \backslash O) = \mu(O' \backslash O),$$

nach dem vorigen Satz ist also μ von außen regulär. Die erste Behauptung folgt wenn man beachtet, dass die Vereinigung von offenen Mengen immer eine offene Menge ist. Die zweite Behauptung ist äquivalent zur ersten, wie man durch Übergang zu Komplementärmengen erkennt.

Seien nun allgemeiner $E_1 \subset E_2 \subset \cdots$ offene Mengen endlichen Maßes, die S ausschöpfen. Dann können wir den Satz auf die endlichen Maße $\mu(\cdot \cap E_m)$ anwenden. Für Borelmengen $B \subset S$ und $\varepsilon > 0$ gibt es also abgeschlossene A_m und offene O_m mit den Eigenschaften $A_m \subset B \subset O_m$ und $\mu(O_m \cap E_m) < \mu(A_m \cap E_m) + \varepsilon 2^{-m}$. Für $A := \bigcup_{m \geq 1} A_m$ und $O := \bigcup_{m \geq 1} O_m \cap E_m$ folgt $A \subset B \subset O$ und $\mu(O) < \mu(A) + \varepsilon$. Außerdem gilt aufgrund der σ-Stetigkeit $\mu(\bigcup_{m=1}^{n} A_m) \to \mu(A)$ für $n \to \infty$. Da $\bigcup_{m=1}^{n} A_m$ abgeschlossen und O offen ist, folgt die Behauptung. $\square$

Für Maße auf Borel-σ-Algebren baut man den Regularitätsbegriff weiter aus.

Definition

Ein Maß μ auf einer Borel-σ-Algebra heißt *von außen regulär,* wenn für alle Borelmengen B

$$\mu(B) = \inf \{\mu(O) : O \supset B, O \text{ ist offen}\}$$

gilt. μ heißt *von innen regulär,* wenn für alle Borelmengen B

$$\mu(B) = \sup\{\mu(K) : K \subset B, K \text{ ist kompakt}\}$$

gilt. Sind beide Eigenschaften erfüllt, so heißt μ *regulär.*

Satz 7.6 *Sei* μ *ein Maß auf einem metrischen Raum* S, *das die Bedingungen des vorigen Satzes erfüllt. Sei zusätzlich* S *eine* K_σ*-Menge, d. h. es gibt kompakte Mengen* $K_n \subset S, n \geq 1$ *mit* $K_n \uparrow S$. *Dann ist* μ *regulär.*

Beweis Aufgrund der σ-Stetigkeit gilt nach Annahme $\mu(A \cap K_n) \to \mu(A)$ für $n \to \infty$. Für abgeschlossenes A sind $A \cap K_n$ kompakte Mengen. Die Behauptung folgt also aus dem vorigen Satz. $\qquad\square$

Beispiel (Regularität des Lebesguemaßes)

Offenbar erfüllt λ^d die Bedingungen des Satzes mit $K_n = [-n, n]^d$.

Für die weitere Entwicklung der Theorie der Maße auf topologischen Räumen spielen dann die *Radonmaße* eine hervorgehobene Rolle. Das sind diejenigen regulären Maße auf Borel-σ-Algebren, die lokalendlich sind, d. h. für die jedes $x \in S$ eine offene Umgebung von endlichem Maß besitzt. Wir gehen darauf nicht weiter ein.

7.2   Die Dichtheit der stetigen Funktionen∗

Als eine Anwendung der soeben festgestellten Regularität des Lebesguemaßes beweisen wir nun, dass die stetigen Funktionen in den Räumen $\mathcal{L}_p(\lambda^d)$ dicht sind. Wir erinnern daran, dass der *Träger* einer stetigen Funktion $g : \mathbb{R}^d \to \mathbb{R}$ definiert ist als der topologische Abschluss der Menge $\{x \in \mathbb{R}^d : g(x) \neq 0\}$.

Satz 7.7 *Sei* $f \in \mathcal{L}_p(\lambda^d)$ *mit* $1 \leq p < \infty$. *Dann gibt es für alle* $\varepsilon > 0$ *eine stetige Funktion* $g : \mathbb{R}^d \to \mathbb{R}$ *mit kompaktem Träger, so dass*

$$\int |f(x) - g(x)|^p dx < \varepsilon.$$

Beweis Wir behandeln zunächst den Fall $f = 1_B$, wobei $B \subset \mathbb{R}^d$ eine Borelmenge mit $\lambda^d(B) < \infty$ sei. Aufgrund der Regularität des Lebesguemaßes gibt es zu $\varepsilon > 0$ eine kompakte Menge K und eine offene Menge O mit $K \subset B \subset O$ und $\lambda^d(O) < \lambda^d(K) + \varepsilon$. Aufgrund von Kompaktheit gibt es ein $\delta > 0$, so dass $|x - y| \geq \delta$ für alle $x \in K, y \notin O$. Dann ist

$$g(x) := (1 - \delta^{-1}d(x, K))^{+} \quad \text{mit } d(x, K) := \inf\{|x - y| : y \in K\}$$

eine stetige Funktion. Ihr Träger ist in der abgeschlossenen δ-Umgebung von K enthalten und folglich kompakt. g nimmt Werte zwischen 0 und 1 an, auf K den Wert 1 und auf O^c den Wert 0. Daher folgt $|1_B - g|^p \le 1_{O \setminus K} = 1_O - 1_K$ und

$$\int |1_B - g|^p d\lambda^d \le \mu(O) - \mu(K) < \varepsilon.$$

Dies beweist die Behauptung für $f = 1_B$.

Für beliebiges $f \in \mathcal{L}_p(\lambda^d)$ gibt es zu jedem $\varepsilon > 0$ natürliche Zahlen m, n, so dass $\int |f - f'|^p d\lambda^d < \varepsilon$ für $f' = \sum_{k=-n}^{n} \frac{k}{m} 1_{\{k/m \le f < (k+1)/m\}}$. Die Summanden kann man dann durch stetige Funktionen mit kompakten Trägern in der beschriebenen Weise approximieren, so dass die Behauptung auch für f folgt (hier ist die Minkowski-Ungleichung hilfreich). $\qquad\square$

Übungsaufgaben

Aufgabe 7.1 Sei μ ein endliches Maß auf $S_1 \times S_2$ (samt Produkt-σ-Algebra). μ_1 und μ_2 seien die beiden Bildmaße von μ unter den Projektionsabbildungen π_1 und π_2. Zeigen Sie an einem Beispiel, dass μ nicht eindeutig durch μ_1 und μ_2 bestimmt ist (auch wenn π_1 und π_2 die Produkt-σ-Algebra erzeugen).

Aufgabe 7.2 Sei S eine endliche Menge und $\mathcal{D}$ das System aller Teilmengen mit geradzahliger Anzahl von Elementen. Wann ist $\mathcal{D}$ ein Dynkinsystem? Ist dann $\mathcal{D}$ auch eine σ-Algebra?

Aufgabe 7.3 Sei $\mathcal{D}$ ein Dynkinsystem und A, $A' \in \mathcal{D}$ mit $A' \subset A$. Zeigen Sie, dass dann auch $A \setminus A'$ zu $\mathcal{D}$ gehört.
Hinweis: Betrachten Sie $(A \setminus A')^c$.

Aufgabe 7.4 Sei S ein metrischer Raum und sei $\mathcal{M}$ die kleinste Menge von Funktionen $f : S \to \mathbb{R}$, für die gilt:

 (i) $f_n \in \mathcal{M}, f_n \to f$ punktweise $\Rightarrow f \in \mathcal{M}$,
(ii) $\mathcal{M}$ enthält alle stetigen Funktionen $f : S \to \mathbb{R}$.

Dann ist $\mathcal{M}$ die Menge aller borelmessbaren Funktionen. Zeigen Sie dies.
Hinweis: Um zu zeigen, dass $\mathcal{M}$ ein Vektorraum ist, betrachte man zu vorgegebenem $f \in \mathcal{M}$, $\alpha, \beta \in \mathbb{R}$ auch die Menge $\mathcal{M}_{f,\alpha,\beta} := \{g \in \mathcal{M} : \alpha f + \beta g \in \mathcal{M}\}$. Zeigen Sie $\mathcal{M}_{f,\alpha,\beta} = \mathcal{M}$, erst für stetiges f, dann für beliebiges $f \in \mathcal{M}$. Zeigen Sie weiter, dass $\{B \in \mathcal{B} : 1_B \in \mathcal{M}\}$ ein Dynkinsystem ist, das die offenen Mengen enthält.

Aufgabe 7.5 Zeigen Sie: Für eine lebesgueintegrierbare Funktion f: $\mathbb{R} \to \mathbb{R}$ gilt die Konvergenz $\int |f(x + t) - f(x)|\, dx \to 0$ für $t \to 0$.

Hinweis: Behandeln Sie erst den Fall einer stetigen Funktion mit kompaktem Träger.

Aufgabe 7.6 Satz von Steinhaus Sei $B \subset \mathbb{R}$ eine Borelmenge mit $\lambda(B) > 0$. Zeigen Sie, dass $B - B := \{x - y : x,\, y \in B\}$ ein Intervall $(-\delta,\, \delta)$ mit $\delta > 0$ umfasst.

Hinweis: Folgern Sie aus der vorigen Aufgabe $\lambda(B \cap (B + t)) \to \lambda(B)$ für $t \to 0$.

Mehrfachintegrale und Produktmaße

8

Man kann messbare Funktionen mehrfach nach verschiedenen Variablen integrieren, das ist nicht besonders überraschend. Dass aber das Resultat von der Reihenfolge beim Integrieren abhängen kann, war für Mathematiker wie Cauchy irritierend. Beim Differenzieren ist das normalerweise anders.

Erst mit der Lebesgueschen Integrationstheorie stellte sich heraus, dass auch beim Integrieren das Resultat in der Regel nicht von der Reihenfolge abhängt. Dies ist der Inhalt des Satzes von Fubini, einer Kernaussage dieses Kapitels. Dieses Resultat ist von theoretischer Bedeutung, aber auch für das explizite Berechnen einzelner Integrale relevant. Einige wichtige Beispiele finden sich im Text, andere in den Aufgaben.

Mehrfachintegrale lassen sich auf vielfältige Weise anwenden. Wir werden damit Produktmaße konstruieren und das Falten und Glätten von Funktionen behandeln. Abschließend gehen wir noch auf eine Verallgemeinerung ein: das Integrieren von Kernen.

8.1   Doppelintegrale

Mehrfaches Integrieren beruht auf dem folgenden Sachverhalt.

Lemma *Seien* $(S', \mathcal{A}')$, $(S'', \mathcal{A}'')$ *messbare Räume, sei* ν *ein* σ-*endliches Maß auf* $\mathcal{A}''$ *und sei* $f : S' \times S'' \to \bar{\mathbb{R}}_+$ *eine nichtnegative,* $\mathcal{A}' \otimes \mathcal{A}''$-$\bar{\mathcal{B}}$-*messbare Funktion. Dann gilt*

(i) *Die Abbildung* $y \mapsto f(x, y)$ *ist* $\mathcal{A}''$-$\bar{\mathcal{B}}$-*messbar für alle* $x \in S'$. *Demzufolge ist das Integral* $\int f(x, y)\nu(dy)$ *für alle* $x \in S'$ *wohldefiniert.*

(ii) *Die Abbildung* $x \mapsto \int f(x, y)\,\nu(dy)$ *ist nichtnegativ und* $\mathcal{A}'$-$\bar{\mathcal{B}}$-*messbar.*

© Springer Basel AG 2019
M. Brokate und G. Kersting, *Maß und Integral*, Mathematik Kompakt,
https://doi.org/10.1007/978-3-0348-0988-7_8

Beweis Wir beschränken uns auf den Fall, dass ν ein endliches Maß ist (daraus ergibt sich dann auch der σ-endliche Fall). Wir betrachten das System $\mathcal{D}$ aller Mengen $A \in \mathcal{A}' \otimes \mathcal{A}''$, für welche die Funktion $f = 1_A$ die Behauptungen (i) und (ii) erfüllt. Nach den Eigenschaften von messbaren Abbildungen und nach Satz 4.7 enthält $\mathcal{D}$ mit disjunkten Mengen $A_1, A_2, \cdots$ auch deren Vereinigung. Wegen der Endlichkeit von ν enthält $\mathcal{D}$ mit der Menge A auch ihr Komplement A^c. Schließlich ist $S' \times S''$ in $\mathcal{D}$ enthalten, also ist $\mathcal{D}$ ein Dynkinsystem.

Weiter gilt $A' \times A'' \in \mathcal{D}$ für alle $A' \in \mathcal{A}', A'' \in \mathcal{A}''$, wie man mithilfe der Gleichung $1_{A' \times A''}(x, y) = 1_{A'}(x) 1_{A''}(y)$ erkennt. Da diese Produktmengen einen $\cap$-stabilen Erzeuger der Produkt-σ-Algebra bilden, folgt nach Satz 7.2, dass $\mathcal{D}$ mit der Produkt-σ-Algebra übereinstimmt.

Nun bilden wir das System $\mathcal{K}$ aller nichtnegativen, $\mathcal{A}' \otimes \mathcal{A}''$-$\bar{\mathcal{B}}$-messbaren Funktionen $f : S' \times S'' \to \bar{\mathbb{R}}$, die die beiden Behauptungen (i) und (ii) erfüllen. Nach dem soeben Bewiesenen und nach den Eigenschaften von messbaren Funktionen und Integralen erfüllt $\mathcal{K}$ dann die Bedingungen des Monotonieprinzips (Satz 2.8). Folglich umfasst $\mathcal{K}$ alle nichtnegativen, $\mathcal{A}' \otimes \mathcal{A}''$-$\bar{\mathcal{B}}$-messbaren Funktionen $f : S' \times S'' \to \bar{\mathbb{R}}$. Dies ist die Behauptung. □

Für σ-endliche Made μ und ν und nichtnegative, messbare Funktionen f ist also das Doppelintegral

$$\int \left(\int f(x, y) \nu(dy) \right) \mu(dx) = \int_{S'} \left(\int_{S''} f(x, y) \nu(dy) \right) \mu(dx)$$

wohldefiniert, wie auch das Doppelintegral mit umgekehrter Integrationsreihenfolge.

Fundamental ist der Sachverhalt, dass es dabei auf die Integrationsreihenfolge nicht ankommt.

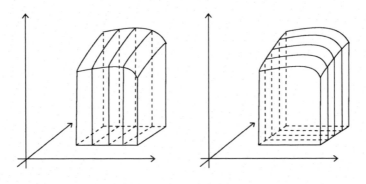

Satz 8.1 (Fubini) *Für σ-endliche Maße* μ *und* ν *auf den σ-Algebren* $\mathcal{A}'$ *und* $\mathcal{A}''$ *und nichtnegative, messbare Funktionen* $f : S' \times S'' \to \bar{\mathbb{R}}_+$ *gilt*

$$\int \left(\int f(x, y)\nu(dy) \right) \mu(dx) = \int \left(\int f(x, y)\mu(dx) \right) \nu(dy).$$

Beweis Wieder beschränken wir uns auf den Fall endlicher Maße. Nun betrachten wir das System $\mathcal{D}$ aller $A \in \mathcal{A}' \otimes \mathcal{A}''$, für die unsere Behauptung für $f = 1_A$ erfüllt ist. Nach den Eigenschaften von Integralen folgt erneut, dass $\mathcal{D}$ ein Dynkinsystem ist. Für $f(x, y) := 1_{A' \times A''}(x, y) = 1_{A'}(x)1_{A''}(y)$ sind beide Integrale gleich $\mu(A')\nu(A'')$, deswegen gilt $A' \times A'' \in \mathcal{D}$ und $\mathcal{D}$ ist wiederum gleich der Produkt-σ-Algebra.

Nun bilden wir das System $\mathcal{K}$ aller nichtnegativen, $\mathcal{A}' \otimes \mathcal{A}''$-$\bar{\mathcal{B}}$-messbaren Funktionen $f : S' \times S'' \to \bar{\mathbb{R}}$, die die behauptete Gleichung erfüllen. Nach dem soeben Bewiesenen und den Eigenschaften von Integralen erfüllt $\mathcal{K}$ wiederum die Bedingungen aus Satz 2.8, und es folgt der Satz. $\quad\square$

Beispiel

Es gilt

$$\int_0^\infty \left(\int_0^\infty e^{-(1+x^2)y^2} y \, dy \right) dx = \int_0^\infty \left(\int_0^\infty e^{-(1+x^2)z} \frac{1}{2} dz \right) dx$$

$$= \frac{1}{2} \int_0^\infty \frac{1}{1 + x^2} dx = \frac{1}{2} [\arctan x]_0^\infty = \frac{\pi}{4}$$

und

$$\int_0^\infty \left(\int_0^\infty e^{-(1+x^2)y^2} y \, dx \right) dy = \int_0^\infty e^{-y^2} \left(\int_0^\infty e^{-(xy)^2} y \, dx \right) dy$$

$$= \int_0^\infty e^{-y^2} \left(\int_0^\infty e^{-z^2} dz \right) dy = \left(\int_0^\infty e^{-z^2} dz \right)^2.$$

Nach dem Satz von Fubini sind beide Ausdrücke gleich, und es folgt die wichtige Formel

$$\int_{-\infty}^\infty e^{-z^2} dz = \sqrt{\pi}.$$

Diese Überlegung stammt von Laplace[1], die Formel selbst wurde davor auch schon von Euler[2] erhalten.

In den Doppelintegralen haben wir bisher der Genauigkeit halber große Klammern notiert. Wir werden sie im Folgenden weglassen, wie das allgemein üblich ist.

Wir wollen nun Doppelintegrale auch für messbare reellwertige Funktionen $f(x, y)$ einführen, die negative Werte annehmen können. Wie früher bei den Einzelintegralen geht das nicht immer, die Zusatzannahme lautet nun

$$\iint |f(x, y)|\, \mu(dx)\nu(dy) < \infty,$$

wobei es nach dem Satz von Fubini nicht auf die Integrationsreihenfolge ankommt. Wir nennen f dann wieder *integrierbar*.

Aber auch unter dieser Annahme gilt es eine kleine Klippe zu umschiffen: Immer noch kann sowohl $\int f^+(x, y)\nu(dy)$ als auch $\int f^-(x, y)\nu(dy)$ für einzelne x den Wert ∞ annehmen, so dass wir dann das Integral $\int f(x, y)\nu(dy)$ nach unserem bisherigen Rezept nicht bilden können. Jedoch bilden diese x eine μ-Nullmenge. Genauer gilt das folgende Lemma.

Lemma *Sei* $f : S' \times S'' \to \mathbb{R}$ *messbar, seien* μ *und* ν σ-*endliche Maße und sei* $\iint |f(x, y)|\mu(dx)\nu(dy) < \infty$. *Dann gibt es ein messbares* $\widehat{f} : S' \times S'' \to \mathbb{R}$ *mit den folgenden Eigenschaften:*

(i) Es gilt $\widehat{f} = f$ *f. ü., d. h.* $\widehat{f}(x, \cdot) = f(x, \cdot)$ ν-*f. ü. für* μ-*fast alle* $x \in S'$,
(ii) $y \mapsto \widehat{f}(x, y)$ *ist* ν-*integrierbar für alle* $x \in S'$,
(iii) $x \mapsto \int \widehat{f}(x, y)\nu(dy)$ *ist* μ-*integrierbar.*

Beweis Sei A' die Menge aller $x \in S'$ mit $\int |f(x, y)|\nu(dy) < \infty$. Wir setzen die gesuchte Funktion als $\widehat{f}(x, y) := f(x, y)1_{A'}(x)$. Nach Annahme gilt $\iint |f(x, y)|\nu(dy)\mu(dx) < \infty$,

---

[1] PIERRE-SIMON LAPLACE, 1749–1827, geb. in Beaumont-en-Auge, tätig in Paris an der École Militaire und École Polytechnique. Seine großen Forschungsgebiete waren die Himmelsmechanik und die Wahrscheinlichkeitsrechnung.
[2] LEONARD EULER, 1707–1783, geb. in Basel, tätig in St. Petersburg und Berlin. Er prägte die Mathematik über sein Jahrhundert hinaus.

nach Satz 4.2 (iv) folgt deswegen $\mu((A')^c) = 0$. Dies ergibt Behauptung (i). (ii) gilt aufgrund der Wahl von A'. Aus $\iint |f(x, y)|\nu(d\,y)\mu(dx) = \iint |\hat{f}(x, y)|\nu(d\,y)\mu(dx)$ ergibt sich

$$\int \left| \int \hat{f}(x, y)\nu(dy) \right| \mu(dx) \;\leq\; \iint |\hat{f}(x, y)|\nu(dy)\mu(dx) \;<\; \infty$$

und also (iii).   □

Insbesondere ergibt das Lemma, dass $\int f(x, y)\nu(dy)$ für μ-fast alle $x \in S'$ existiert. Für $\hat{f}$ können wir wegen (ii) und (iii) das Doppelintegral $\iint \hat{f}(x, y)\nu(dy)\mu(dx)$ ohne weiteres bilden (in der angegebenen Integrationsreihenfolge!). Ist $\tilde{f}$ neben $\hat{f}$ eine weitere messbare Funktion mit den im Lemma angegebenen Eigenschaften, so folgt gemäß Eigenschaft (i) durch zweifaches Anwenden von Satz 4.2 (ii)

$$\iint \tilde{f}(x, y)\nu(d\,y)\mu(dx) \;=\; \iint \hat{f}(x, y)\nu(d\,y)\mu(dx).$$

Unter der Annahme $\iint |f(x, y)|\mu(dx)\nu(dy) < \infty$ ist damit das Integral

$$\iint f(x, y)\nu(dy)\mu(dx) \;:=\; \iint \hat{f}(x, y)\nu(dy)\mu(dx)$$

wohldefiniert. Sein Wert ist endlich. Analog erhält man das Doppelintegral in der umgekehrten Reihenfolge.

Die Eigenschaften des Doppelintegrals ergeben sich wieder durch Zerlegung in Positiv- und Negativteil. Es gilt $\int \hat{f}(x, y)\nu(dy) = \int \hat{f}^+(x, y)\nu(dy) - \int \hat{f}^-(x, y)\nu(dy)$. Für integrierbares f sind diese Integrale als Funktionen in x μ-integrierbar. Die Linearität des Integrals ergibt dann

$$\iint \hat{f}(x, y)\nu(dy)\mu(dx) = \iint \hat{f}^+(x, y)\nu(dy)\mu(dx) - \iint \hat{f}^-(x, y)\nu(dy)\mu(dx).$$

Auch sind $\hat{f}^+$ und $\hat{f}^-$ f. ü. gleich f^+ und f^-, deswegen folgt – hier also nicht per definitionem sondern auf dem Umweg über die Integration von $\hat{f}$ - die Gleichung

$$\iint f(x, y)\nu(dy)\mu(dx) = \iint f^+(x, y)\nu(dy)\mu(dx) - \iint f^-(x, y)\nu(dy)\mu(dx).$$

Auf die rechte Seite können wir die üblichen Integrationsregeln anwenden, so ergeben sich dann die Eigenschaften von Doppelintegralen. Insbesondere erhalten wir eine zweite Version des Satzes von Fubini.

Satz 8.2 (Fubini) *Für die messbare, reellwertige Funktion* $f : S' \times S'' \to \bar{\mathbb{R}}$ *und die* σ-*endlichen Maße* μ, ν *gelte* $\iint |f(x, y)| \nu(dy)\mu(dx) < \infty$. *Dann folgt*

$$\iint f(x, y)\nu(dy)\mu(dx) = \iint f(x, y)\mu(dx)\nu(dy).$$

Beispiel (Umordnen absolut konvergenter Reihen)

Für eine doppelt indizierte Folge $f(m, n)$, $m, n \geq 1$, von reellen Zahlen mit der Eigenschaft $\sum_{m \geq 1} \sum_{n \geq 1} |f(m, n)| < \infty$ (absolute Konvergenz) gilt

$$\sum_{m \geq 1} \sum_{n \geq 1} f(m, n) = \sum_{n \geq 1} \sum_{m \geq 1} f(m, n).$$

Dies ist ein Spezialfall des Satzes von Fubini, angewandt auf die σ-endlichen Zählmaße $\mu(A) = \nu(A) = \#A$, $A \subset \mathbb{N}$. Die absolute Konvergenz kann man nicht ohne weiteres streichen, wie das Beispiel $f(m, m) = 1, f(m, m + 1) = -1$ und $f(m, n) = 0$ sonst zeigt. Hier gilt

$$\sum_{m \geq 1} \sum_{n \geq 1} f(m, n) = 1 \neq 0 = \sum_{n \geq 1} \sum_{m \geq 1} f(m, n).$$

Wie in diesem Beispiel lässt sich in konkreten Fällen häufig $\widehat{f}(x, y) = f(x, y)$ wählen. Das angesprochene Problem der Existenz von Integralen taucht gar nicht auf.

Mehrfachintegrale lassen sich leicht auf Doppelintegrale zurückführen. Details seien dem Leser überlassen.

8.2 Produktmaße

Die Doppelintegrale erlauben uns, nun neue Maße auf der Produkt-σ-Algebra einzuführen.

Satz 8.3 *Sind* μ *und* ν σ-*endliche Maße auf den* σ-*Algebren* $\mathcal{A}'$ *und* $\mathcal{A}''$, *so ist durch*

$$\pi(A) := \iint 1_A(x, y)\nu(dy)\mu(dx), \quad A \in \mathcal{A}' \otimes \mathcal{A}'',$$

ein Maß π *auf der Produkt-σ-Algebra gegeben. Es gilt*

$$\int f \, d\pi = \iint f(x, y)\nu(dy)\mu(dx)$$

für alle messbaren Funktionen $f \geq 0$.

Beweis Offenbar ist $\pi(\emptyset) = 0$, und die σ-Additivität ergibt sich durch doppelte Anwendung von Satz 4.7. Die zweite Behauptung ergibt sich durch Betrachtung von

$$\mathcal{K} := \left\{ f \geq 0 : \int f \, d\pi = \iint f(x, y) \nu(dy) \mu(dx) \right\}.$$

Nach Definition von π enthält $\mathcal{K}$ alle Elemente A der Produkt-σ-Algebra. Nach den Integrationregeln sind auch die anderen beiden Bedingungen des Monotonieprinzips (Satz 2.8) erfüllt. Deswegen enthält $\mathcal{K}$ alle nichtnegativen, messbaren Funktionen und die Behauptung folgt.   □

Nach den Ausführungen des letzten Abschnitts gilt dann auch

$$\int f \, d\pi = \iint f(x, y) \mu(dx) \nu(dy),$$

man kann die Integrationsreihenfolge umdrehen.

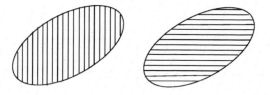

Man nennt π das *Produktmaß* von μ und ν und schreibt

$$\pi = \mu \otimes \nu \quad \text{oder auch} \quad \pi(dx, \ dy) = \mu(dx) \otimes \nu(dy).$$

$f(x, y)$ ist genau dann $\mu \otimes \nu$-integrierbar, wenn

$$\int |f| \, d(\mu \otimes \nu) = \iint |f(x, y)| \mu(dx) \nu(dy) < \infty$$

gilt. Dann lassen sich also Integrale nach dem Produktmaß auf Doppelintegrale in beliebiger Reihenfolge zurückführen. Auch diesen Sachverhalt nennt man den *Satz von Fubini*.

▶ **Bemerkung** Eine Menge $A \in \mathcal{A}' \otimes \mathcal{A}''$ ist genau dann eine $\mu \otimes \nu$-Nullmenge, wenn das Doppelintegral $\iint 1_A(x, y) \nu(dy) \mu(dx) = \int \nu(A_x) \mu(dx)$ gleich 0 ist, mit der „Schnittmenge" $A_x := \{y \in S'' : (x, y) \in A\}$. Anders ausgedrückt: A ist genau dann eine $\mu \otimes \nu$-

Nullmenge, wenn A_x eine ν-Nullmenge ist für μ-fast alle $x \in S'$. Dies ist völlig in Einklang mit dem f. ü.-Begriff, den wir im letzten Lemma unter (i) benutzt haben.

Der folgende Satz macht klar, wieso man von „Produktmaßen" spricht.

Satz 8.4 *Seien μ und ν σ-endliche Maße. Dann gilt*

$$(\mu \otimes \nu)(A' \times A'') = \mu(A') \cdot \nu(A'')$$

für alle $A' \in \mathcal{A}'$, $A'' \in \mathcal{A}''$. Diese Produktgleichungen legen $\mu \otimes \nu$ eindeutig fest.

Beweis Die Produktgleichung ergibt sich aus der Doppelintegration der Funktion $1_{A' \times A''}(x, y) = 1_{A'}(x) 1_{A''}(y)$. Die andere Behauptung folgt aus dem Eindeutigkeitssatz für Maße, denn μ und ν sind als σ-endlich angenommen und die messbaren Mengen der Gestalt $A' \times A''$ bilden einen $\cap$-stabilen Erzeuger der Produkt-σ-Algebra. $\square$

Beispiel (Lebesguemaß)

Wir erinnern daran, dass für die Borel-σ-Algebren innerhalb $\mathbb{R}^d = \mathbb{R}^{d_1} \times \mathbb{R}^{d_2}$ (das bedeutet also $d = d_1 + d_2$) die Gleichung $\mathcal{B}^d = \mathcal{B}^{d_1} \otimes \mathcal{B}^{d_2}$ erfüllt ist. Das kartesische Produkt $[a_1, b_1) \times [a_2, b_2) \subset \mathbb{R}^{d_1} \times \mathbb{R}^{d_2}$ von halboffenen Intervallen ist wieder ein halboffenes Intervall, und es gilt

$$\lambda^d([a_1, b_1) \times [a_2, b_2)) = \lambda^{d_1}([a_1, b_1)) \cdot \lambda^{d_2}([a_2, b_2)).$$

Es folgt also $\lambda^d([a, b)) = \lambda^{d_1} \otimes \lambda^{d_2}([a, b))$ für alle $[a, b) \subset \mathbb{R}^d$. Da diese halboffenen Intervalle einen $\cap$-stabilen Erzeuger der Borel-σ-Algebra bilden, folgt nach dem Eindeutigkeitssatz für Maße

$$\lambda^d = \lambda^{d_1} \otimes \lambda^{d_2}.$$

Lebesgueintegrale lassen sich also auf Mehrfachintegrale zurückführen, und wir erhalten die Formel

$$\int f \, d\lambda^d = \int \cdots \int f(x_1, \ldots, x_d) dx_1 \ldots dx_d.$$

Beispiel (Volumen der d-dimensionalen Einheitskugel)

Wir wollen das Volumen

$$v_d := \lambda^d(B_1)$$

der Einheitskugel $B_1 := \{x \in \mathbb{R}^d : |x| \leq 1\}$ im $\mathbb{R}^d$ bestimmen, indem wir es auf die Gamma-Funktion

$$\Gamma(t) := \int_0^\infty e^{-z} z^{t-1}\, dz, \quad t > 0,$$

zurückführen. Dazu betrachten wir auch das Bildmaß $\mu = \varphi(\lambda^d)$ des Lebesguemaßes unter der Abbildung $\varphi : \mathbb{R}^d \to \mathbb{R}_+$, gegeben durch $\varphi(x) = |x|^2$. Nach der Transformationsformel für Integrale aus Kap. 4 gilt

$$\int e^{-y} \mu(dy) = \int e^{-|x|^2} \lambda^d(dx).$$

Wir bestimmen beide Integrale. Da λ^d Produktmaß ist, folgt durch mehrfache Anwendung des Satzes von Fubini

$$\int e^{-|x|^2} \lambda^d(dx) = \int_{-\infty}^\infty \cdots \int_{-\infty}^\infty e^{-x_1^2} \cdots e^{-x_d^2} dx_1 \ldots dx_d = \left(\int_{-\infty}^\infty e^{-u^2} du \right)^d.$$

Für das andere Integral benutzen wie die Formel $\mu([0,\ z]) = \lambda^d(z^{1/2} B_1) = z^{d/2} v_d$, für $z > 0$. Mit dem Satz von Fubini und $e^{-y} = \int_y^\infty e^{-z} dz$ folgt

$$\int e^{-y} \mu(dy) = \int_0^\infty \int_0^\infty e^{-z} 1_{\{y \leq z\}} dz\, \mu(dy)$$

$$= \int_0^\infty e^{-z} \int_0^\infty 1_{\{y \leq z\}} \mu(dy) dz = \int_0^\infty e^{-z} \mu([0,\ z]) dz = v_d \Gamma\left(\frac{d}{2} + 1 \right).$$

Der Vergleich beider Integrale ist schon in den Fällen $d = 1$ und 2 aufschlussreich: Bekanntlich gilt $v_2 = \pi$ (Kreisfläche), außerdem ist $\Gamma(2) = 1$ (partielle Integration). Es folgt $(\int_{-\infty}^\infty e^{-u^2} du)^2 = \pi$, eine Formel, die wir bereits abgeleitet haben. Aus $v_1 = 2$ folgt dann $\sqrt{\pi} = 2\Gamma(3/2)$.

Insgesamt erhalten wir

$$v_d = \frac{\pi^{d/2}}{\Gamma(d/2 + 1)}.$$

Die Auswertung der Γ-Funktion gelingt induktiv mit der Formel $\Gamma(t+1) = t\,\Gamma(t)$ (partielle Integration) sowie mit den bereits festgestellten Werten $\Gamma(2) = 1$ und $\Gamma(3/2) = \sqrt{\pi}/2$ bzw. $\Gamma(1/2) = \sqrt{\pi}$. Details seien dem Leser überlassen.

8.3   Falten und Glätten*

Wir wenden nun das Mehrfachintegrieren auf eine speziellere Situation an. Seien die Funktionen $g, h : \mathbb{R}^d \to \mathbb{R}$ lebesgueintegrabel, also

$$\int |g(x)|dx, \quad \int |h(x)|dx < \infty.$$

Dann ist die Funktion $f(x, y) := g(x - y)h(y)$ borelmessbar auf dem $\mathbb{R}^{2d}$, und wegen $\int |g(x - y)|dx = \int |g(x)|dx$ folgt

$$\iint |g(x - y)h(y)| \, dxdy = \int |g(x)| \, dx \int |h(y)| \, dy < \infty. \tag{8.1}$$

Im Abschnitt über Doppelintegrale haben wir gesehen, dass dann das *Faltungsintegral*

$$\int g(x - y)h(y) \, dy$$

für fast alle x existiert, bzw. eine in $x \in \mathbb{R}^d$ f. ü. eindeutige und lebesgueintegrierbare Funktion bildet. Auch bleibt es auf das Faltungsintegral ohne Einfluss, wenn g oder h auf Lebesguenullmengen verändert werden. Deswegen ist es natürlich, g, h und ihr Faltungsintegral als Äquivalenzklassen von messbaren Funktionen, als Elemente des $L_1(\lambda^d)$ aufzufassen. Wir definieren also:

Definition

Seien $g, h \in L_1(\lambda^d)$. Dann ist ihre *Faltung* $g * h \in L_1(\lambda^d)$ definiert als

$$g * h(x) := \int g(x - y)h(y) \, dy.$$

Nach (8.1) gilt

$$\|g * h\|_1 \leq \|g\|_1 \|h\|_1.$$

Faltungen treten in verschiedenen Zusammenhängen auf.

Beispiel

Sei $a > 0$ und $k : [0, \infty) \to \mathbb{R}$ stetig. Dann ist die Lösung der inhomogenen linearen Differentialgleichung

$$f'(x) = af(x) + k(x), \quad x \geq 0,$$

mit der Randbedingung $f(0) = 0$ gegeben durch

$$f(x) = \int_0^x k(y)e^{-a(x-y)}dy = \int g(x-y)h(y)\,dy$$

mit $g(x) := e^{-ax}$, $h(x) := k(x)$ für $x \geq 0$ und $g(x) = h(x) := 0$ für $x < 0$. Dies lässt sich direkt durch Differenzieren verifizieren.

Die Bedeutung der Faltung liegt auch in ihren günstigen algebraischen Eigenschaften. Substituieren wir $y \mapsto x - y$, so geht das Faltungsintegral über in $\int g(y)h(x-y)dy$, und es folgt

$$g * h = h * g.$$

Weiter gilt

$$(g * h) * k = g * (h * k), \quad g * (h + k) = g * h + g * k.$$

Den Beweis überlassen wir dem Leser als Aufgabe.

Wir wollen nun darlegen, wie sich Funktionen durch Faltung glätten lassen, und damit zeigen, dass die glatten Funktionen dicht in $L_p(\lambda^d)$ liegen. Dazu wählen wir für jedes $\delta > 0$ einen „Glättungskern" $\kappa_\delta : \mathbb{R}^d \to \mathbb{R}$ mit folgenden Eigenschaften:

a) κ_δ ist nichtnegativ und unendlich oft differenzierbar,
b) $\kappa_\delta(x) = 0$ für $|x| \geq \delta$
c) $\int \kappa_\delta(x)\,dx = 1$.

Geeignet ist z. B. $\kappa_\delta(x) := \delta^{-d}\kappa(\delta^{-1}x)$ mit

$$\kappa(x) := \begin{cases} c\exp\left(-(1 - \|x\|^2)^{-1}\right) & \text{falls } \|x\| < 1, \\ 0, & \text{falls } \|x\| \geq 1, \end{cases}$$

und passend gewählter Normierungskonstante $c > 0$.

Für eine messbare Funktion $f : \mathbb{R}^d \to \mathbb{R}$ können wir, sofern $\int |f|^p d\lambda^d < \infty$ für ein $p \geq 1$ gilt, die Funktionen

$$f_\delta := f * k_\delta,$$

also

$$f_\delta(x) = \int f(y)k_\delta(x-y)dy$$

bilden. Die Existenz des Integrals folgt im Fall $p = 1$ aus der Beschränktheit von κ_δ und im Fall $p > 1$ aus der Hölder-Ungleichung. Aus dem Satz 5.9 über das Differenzieren von Integralen erkennt man, dass f_δ unendlich oft differenzierbar ist.

Satz 8.5 (Glättungssatz) *Sei* $1 \leq p < \infty$. *Für* $f \in \mathcal{L}_p(\lambda^d)$ *gilt dann*

$$\|f - f * \kappa_\delta\|_p \to 0$$

für $\delta \to 0$.

Beweis Wir beweisen den Satz zunächst für stetiges g mit kompaktem Träger. Bekanntlich ist g dann gleichmäßig stetig. Zu vorgegebenem $\varepsilon > 0$ gilt also für ausreichend kleines $\delta > 0$, dass $|g(x) - g(x - y)| \leq \varepsilon$ für $|y| \leq \delta$. Es folgt

$$|g(x) - g * \kappa_\delta(x)| \leq \int |g(x) - g(x - y)| k_\delta(y) dy \leq \varepsilon.$$

Daher konvergiert $g * \kappa_\delta$ gleichmäßig gegen g. Außerdem ist mit $g(x)$ auch $g * \kappa_\delta(x)$ nur in einem beschränkten Bereich ungleich 0. Es folgt $\|g * \kappa_\delta - g\|_p \to 0$ für $\delta \to 0$, wie man mit Hilfe des Satzes von der dominierten Konvergenz erkennt.

Den Übergang von stetigem g mit kompaktem Träger auf beliebige $f \in \mathcal{L}_p(\lambda^p)$ bewerkstelligen wir mit einer Abschätzung. Aufgrund von $\int k_\delta d\lambda^d = 1$ und der Jensenschen Ungleichung gilt ($t \mapsto |t|^p$ ist konvex für $p \geq 1$)

$$\|f * \kappa_\delta\|_p^p = \int \left| \int f(x - y)\kappa_\delta(y) dy \right|^p dx \leq \iint |f(x - y)|^p \kappa_\delta(y) dy dx$$

$$= \int \left(\int |f(x - y)|^p dx \right) \kappa_\delta(y) dy = \|f\|_p^p.$$

Wir wählen nun nach Satz 7.7 zu vorgegebenem $\varepsilon > 0$ ein stetiges g mit kompaktem Träger, so dass $\|f - g\|_p < \varepsilon$. Es folgt

$$\|f - f * \kappa_\delta\|_p \leq \|f - g\|_p + \|g - g * \kappa_\delta\|_p + \|(g - f) * \kappa_\delta\|_p \leq 2\varepsilon + \|g - g * \kappa_\delta\|_p.$$

Mit $\delta \to 0$ folgt $\lim \sup_{\delta \to 0} \|f - f * \kappa_\delta\|_p \leq 2\varepsilon$, und mit $\varepsilon \to 0$ die Behauptung. $\square$

8.4   Kerne*

Wir kommen nun noch auf eine Verallgemeinerung zu sprechen, die in der Stochastik wichtig ist: Man lässt im Doppelintegral $\int (\int f(x, y)\nu(dy))\mu(dx)$ das Maß ν noch von x abhängen. Damit das äußere Integral gebildet werden kann, ist eine Regularitätsannahme erforderlich.

Definition

Seien $(S', \mathcal{A}')$, $(S'', \mathcal{A}'')$ messbare Räume. Eine Familie

$$\nu = (\nu(x, \ dy))_{x \in S'}$$

von endlichen Maßen $\nu(x, \ dy)$ auf $\mathcal{A}''$ heißt *Kern* von $(S', \ \mathcal{A}')$ nach $(S'', \mathcal{A}'')$, falls für alle $A'' \in \mathcal{A}''$ die Funktion

$$x \mapsto \nu(x, \ A'')$$

$\mathcal{A}'$-$\mathcal{B}^1$ -messbar ist.

Lemma *Sei ν ein Kern von $(S', \ \mathcal{A}')$ nach $(\mathcal{S}'', \ \mathcal{A}'')$ und sei $f : S' \times S'' \to \bar{\mathbb{R}}_+$ eine nichtnegative, $\mathcal{A}' \otimes \mathcal{A}''$-$\bar{\mathcal{B}}$-messbare Funktjion. Dann ist*

$$x \mapsto \int f(x, y) \nu(x, \ dy)$$

eine $\mathcal{A}'$-$\bar{\mathcal{B}}$-messbare Funktion.

Beweis Wie früher betrachten wir das System $\mathcal{D}$ aller Mengen $A \in \mathcal{A}' \otimes \mathcal{A}''$, für welche die Funktion $f = 1_A$ die Behauptung erfüllt. Nach den Eigenschaften von messbaren Abbildungen und nach Satz 4.7 enthält $\mathcal{D}$ mit disjunkten Mengen $A_1, A_2, \ldots$ auch deren Vereinigung, und mit der messbaren Menge A auch A^c. Schließlich ist nach den Messbarkeitseigenschaften von Kernen $S' \times S''$ in $\mathcal{D}$ enthalten, also ist $\mathcal{D}$ ein Dynkinsystem.

Weiter gilt $A' \times A'' \in \mathcal{D}$ für alle $A' \in \mathcal{A}', A'' \in \mathcal{A}''$, wie man aus der Gleichung $\int 1_{A' \times A''}(x, \ y) \nu_x(dy) = 1_{A'}(x) \nu(x, \ A'')$ erkennt. Da diese Produktmengen einen $\cap$-stabilen Erzeuger der Produkt-σ-Algebra bilden, folgt nach Satz 7.2, dass $\mathcal{D}$ mit der Produkt-σ-Algebra übereinstimmt.

Die Behauptung folgt nun ganz wie im Beweis des Lemmas eingangs dieses Kapitels. $\square$

Man kann also wieder Doppelintegrale bilden. Aus Gründen der Übersichtlichkeit benutzt man hier gern die Schreibweise

$$\int \mu(dx) \int \nu(x, \ dy) f(x, y).$$

Erneut ist durch

$$A \mapsto \int \mu(dx) \int \nu(x, \ dy) 1_A(x, y)$$

ein Maß auf der Produkt-σ-Algebra gegeben, das wieder mit

$$\mu \otimes \nu \quad \text{bzw.} \quad \mu(dx) \otimes \nu(x, \, dy)$$

bezeichnet wird.

Interessant ist die Frage, welche Maße man auf diesem Wege erreicht, unter welchen Bedingungen sich also ein vorgegebenes Maß π auf der Produkt-σ-Algebra als $\pi = \mu \otimes \nu$ ausdrücken lässt, mit einem Maß μ und einem Kern ν. Man spricht dann von einer *Desintegration* des Maßes π. Auf Borel-σ-Algebren ist dies unter recht allgemeinen Bedingungen immer möglich. Wir gehen auf dieses Thema nicht weiter ein.

Übungsaufgaben

Aufgabe 8.1 Zeigen und kommentieren Sie folgende Beobachtung von Cauchy: Die Doppelintegrale

$$\int_{(0,1)} \int_{(0,1)} \frac{x^2 - y^2}{(x^2 + y^2)^2} dxdy, \quad \int_{(0,1)} \int_{(0,1)} \frac{x^2 - y^2}{(x^2 + y^2)^2} dydx$$

sind wohldefiniert und voneinander verschieden.
Hinweis: $(x^2 - y^2)(x^2 + y^2)^{-2} = \partial^2 \arctan(x/y)/\partial x \partial y$.

Aufgabe 8.2 Sei μ das Zählmaß auf $\mathbb{R}$, d. h. $\mu(B) := \#B$ für Borelmengen $B \subset \mathbb{R}$, und sei D die Diagonale in $\mathbb{R}^2$, also $D = \{(x, \, y) \in \mathbb{R}^2 \, : \, x = y\}$. Zeigen und kommentieren Sie:

$$\iint 1_D(x, y)\lambda(dx)\mu(dy) \neq \iint 1_D(x, \, y)\mu(dy)\lambda(dx)$$

Aufgabe 8.3 Sei $\nu_1 (dx) = h_1(x)\mu_1 (dx)$, $\nu_2(dy) = h_2(y)\mu_2(dy)$. Was ist dann die Dichte von $\nu_1 \otimes \nu_2$ bzgl. $\mu_1 \otimes \mu_2$?

Aufgabe 8.4 (Integrale als „Maße von Flächen unter Funktionen") Sei $f : S \to \bar{\mathbb{R}}^+$ messbar. Beweisen Sie die Formel

$$\int f \, d\mu = \mu \otimes \lambda(A_f) = \int_0^\infty \mu(f > t)dt$$

mit $A_f = \{(x, \, t) \in S \times \mathbb{R} : 0 \leq t < f(x)\}$.
Hinweis: Es gilt $f(x) = \int 1_{\{0 \leq t < f(x)\}} dt$. Zur Messbarkeit von A_f vergleiche man Aufgabe 2.7.

Aufgabe 8.5 Wir wollen die Formel

$$\int_0^\infty \frac{\sin x}{x} dx = \frac{\pi}{2}$$

(uneigentliches Riemannintegral) ableiten.

Zeigen Sie zunächst $\int_0^a \int_0^\infty x \exp(-xy) dy dx < \infty$ für alle $0 \le a < \infty$. Folgern Sie

$$\int_0^a \frac{\sin x}{x} dx = \int_0^\infty \int_0^a \sin x\, e^{-xy} dx dy.$$

Berechnen Sie das innere Integral, am einfachsten als Imaginärteil von $\int_0^a \exp((i - y)x) dx$, und bilden Sie dann den Grenzwert $a \to \infty$.

Aufgabe 8.6 Zeigen Sie nach demselben Schema für $a > 0$

$$\int_0^\infty \frac{e^{-x} - e^{-ax}}{x} dx = \log a.$$

Aufgabe 8.7 (Die Betafunktion) Die Betafunktion ist definiert als

$$B(x, y) := \int_0^1 s^{x-1}(1 - s)^{y-1} ds, \ x, \ y > 0.$$

Wir wollen sie mithilfe der Gammafunktion $\Gamma(x) := \int_0^\infty t^{x-1} e^{-t} dt$, $x > 0$, bestimmen. Zeigen Sie

$$\Gamma(x + y)B(x, y) = \int_0^\infty \left(\int_0^t u^{x-1}(t - u)^{y-1} du \right) e^{-t} dt.$$

Folgern Sie durch eine Anwendung des Satzes von Fubini und einen Variablenshift

$$B(x, y) = \frac{\Gamma(x)\Gamma(y)}{\Gamma(x + y)}.$$

Aufgabe 8.8 Beweisen Sie $(g * b) * k = g * (h * k)$.

Absolute Stetigkeit

9

In diesem Kapitel behandeln wir die Frage, wann Maße und wann Funktionen Dichten besitzen.

Im ersten Fall sind zwei Maße μ und ν auf einer σ-Algebra gegeben und man fragt nach Bedingungen, unter denen eine messbare Funktion h mit $d\nu = h\,d\mu$ existiert, dass also für alle messbaren Mengen A die Gleichung

$$\nu(A) = \int_A h\,d\mu$$

gilt. Im zweiten Fall ist eine Funktion $f : [a, b] \to \mathbb{R}$ gegeben und man fragt nach der Existenz einer borelmessbaren Funktion $h : [a, b] \to \mathbb{R}$, so dass für alle $x \in [a, b]$

$$f(x) = \int_a^x h(z)\,dz$$

gilt.

Die beiden Fragestellungen sind verwandt. Dies wird deutlich, wenn man μ als das Lebesguemaß, eingeschränkt auf das Intervall $[a, b]$, wählt sowie ν als ein anderes Maß auf den Borelmengen in $[a, b]$. Setzt man dann $f(x) := \nu([a, x])$ und $A := [a, x]$, so geht die erste Gleichung in die zweite über.

Man kann deswegen beide Problemstellungen gemeinsam behandeln. Wir wollen jedoch zwei unterschiedliche Methoden betrachten; für Maße eine „globale" Ausschöpfungsprozedur und für Funktionen eine „lokale" Methode, die aufwändiger ist, dafür aber den Zusammenhang zum Differenzieren und zum sogenannten Hauptsatz der Differenzial- und Integralrechnung herstellt.

© Springer Basel AG 2019
M. Brokate und G. Kersting, *Maß und Integral*, Mathematik Kompakt,
https://doi.org/10.1007/978-3-0348-0988-7_9

Für Maße sind notwendige Bedingungen für die Existenz einer Dichte schnell angegeben. Die Forderung

$$\mu(A) = 0 \Rightarrow \nu(A) = 0$$

erkennt man sofort als notwendig. Wir werden darlegen, dass sie für σ-endliche Maße auch hinreichend ist. Wie wir in den Aufgaben sehen werden, erweist sich dann auch folgende schärfere Forderung als äquivalent:

$$\forall \varepsilon > 0 \; \exists \delta > 0 \; \forall A \in \mathcal{A} : \mu(A) \le \delta \Rightarrow \nu(A) \le \varepsilon.$$

Für Funktionen werden wir später eine Bedingung betrachten, die dazu analog ist.

9.1   Absolute Stetigkeit und Singularität von Maßen

In diesem Abschnitt geht es um das folgende Paar komplementärer Begriffe.

Definition

Seien μ und ν zwei Maße auf einer σ-Algebra $\mathcal{A}$.

(i) ν heißt *absolut stetig* bzgl. μ, geschrieben

$$\nu \ll \mu,$$

falls für alle $A \in \mathcal{A}$ aus $\mu(A) = 0$ stets $\nu(A) = 0$ folgt. Sind μ und ν wechselseitig absolut stetig, so heißen μ und ν *äquivalent*.

(ii) μ und ν heißen zueinander *singulär,* geschrieben

$$\mu \perp \nu,$$

falls es ein $A \in \mathcal{A}$ gibt mit $\mu(A) = 0$ und $\nu(A^c) = 0$.

Absolute Stetigkeit lässt sich wie folgt charakterisieren.

Satz 9.1 (Satz von Radon[1]-Nikodym[2]) *Seien* μ *und* ν *σ-endliche Maße auf einer σ-Algebra* $\mathcal{A}$. *Dann sind äquivalent:*

(i) $\nu \ll \mu$,
(ii) $d\nu = h\,d\mu$ *für eine messbare Funktion* $h : S \to \mathbb{R}_+$.

Die Dichte h *ist dann* μ-*f. ü. endlich und* μ-*f. ü. eindeutig.*

Man kann übrigens für ν auf die Forderung der σ-Endlichkeit verzichten. Für μ gilt dies nicht (vgl. Aufgabe 9.2).

Von den unterschiedlichen Beweisen behandeln wir einen übersichtlichen klassischen Zugang. Er macht Gebrauch von einem Resultat, das von unabhängigem Interesse ist.

Satz 9.2 (Hahnzerlegung[3]) *Seien* ν *und* ρ *endliche Maße auf einer σ-Algebra* $\mathcal{A}$. *Dann gibt es eine messbare Menge* $A_{\leq}$ *mit Komplement* $A_{\geq} := S \setminus A_{\leq}$, *so dass*

$$\nu(A) \leq \rho(A) \quad \text{für alle } A \subset A_{\leq},$$
$$\nu(A) \geq \rho(A) \quad \text{für alle } A \subset A_{\geq}.$$

Beweis Wir setzen $\delta(A) := \nu(A) - \rho(A)$ für $A \in \mathcal{A}$. Dann teilt δ mit Maßen die Eigenschaft $\delta(\emptyset) = 0$ und die σ-Additivität, nun kann $\delta(A)$ aber auch negativ werden. Für spätere Zwecke lassen wir für $\delta(A)$ auch ∞ als Wert zu, nicht jedoch den Wert $-\infty$.

(i) Eine messbare Menge $N \subset S$ nennen wir *negativ*, falls $\delta(A) \leq 0$ für alle $A \subset N$. Wir wollen $A_{\leq}$ als eine möglichst große negative Menge konstruieren. Dabei kommt uns zustatten, dass mit $N_1, N_2, \ldots \subset S$ auch $\bigcup_{k\geq 1} N_k$ negativ ist. Für $A \subset \bigcup_{k\geq 1} N_k$ ist nämlich $A_k := A \cap N_k \cap N_1^c \cap \cdots \cap N_{k-1}^c$ eine Teilmenge von N_k, so dass $\delta(A_k) \leq 0$ und $\delta(A) = \sum_{k\geq 1} \delta(A_k) \leq 0$ folgt.

---

[1]JOHANN RADON, 1887–1956, geb. in Tetschen, tätig u. a. in Hamburg, Breslau und Wien. Seine Arbeitsgebiete waren Maß- und Integrationstheorie, Funktionalanalysis, Variationsrechnung und Differentialgeometrie.

[2]OTTON NIKODÝM, 1887–1974, geb. in Zablotow, tätig in Krakau, Warschau und am Kenyon College, Ohio. Er arbeitete über Maßtheorie und Funktionalanalysis.

[3]HANS HAHN, 1879–1934, geb. in Wien, tätig in Czernowitz, Bonn und Wien. Er lieferte wesentliche Beiträge zu Funktionalanalysis, Maßtheorie und reellen Funktionen. Im Wiener Kreis, einer Gruppe von positivistischen Philosophen und Wissenschaftlern, spielte er eine führende Rolle.

(ii) Zunächst konstruieren wir im Fall $\delta(S) < \infty$ eine negative Teilmenge $N \subset S$ mit der Eigenschaft $\delta(N^c) \geq 0$. Wir erhalten N durch sukzessives Entfernen disjunkter messbarer Mengen B_k, $k \geq 1$, mit $\delta(B_k) \geq 0$, für die $\delta(B_k)$ ausreichend groß ist. Wir setzen $B_1 := \emptyset$. Sind schon $B_1, \ldots, B_k$ ausgewählt, so setzen wir s_k als das Supremum von $\delta(A)$, erstreckt über alle messbaren Mengen A, die disjunkt zu $B_1, \ldots, B_k$ sind. Es gilt $s_k \geq \delta(\emptyset) = 0$. Nun wählen wir die Menge B_{k+1} disjunkt zu $B_1, \ldots, B_k$, so dass gilt: $\delta(B_{k+1}) \geq s_k/2$ im Fall $s_k < \infty$, insbesondere $B_{k+1} = \emptyset$ im Fall $s_k = 0$, und $\delta(B_{k+1}) \geq 1$ im Fall $s_k = \infty$.

Sei nun $N := S \setminus \bigcup_{k \geq 1} B_k$. Dann gilt $\delta(N^c) = \sum_{k \geq 1} \delta(B_k)$, also $\delta(N^c) \geq 0$. Aus $\delta(N) + \delta(N^c) = \delta(S) < \infty$ folgt $\delta(N^c) < \infty$. Dies zieht $\delta(B_k) \to 0$ nach sich, und damit $s_k \to 0$. Gilt $A \subset N$, so ist A disjunkt zu $B_1, \ldots, B_k$ und folglich $\delta(A) \leq s_k$. Der Grenzübergang $k \to \infty$ ergibt $\delta(A) \leq 0$. Also ist N negativ.

(iii) Verallgemeinernd stellen wir fest: Ist $S' \subset S$ messbar und $\delta(S') < \infty$, so gibt es eine negative Menge $N' \subset S'$ mit $\delta(S' \setminus N') \geq 0$, also $\delta(N') \leq \delta(S')$. Dies folgt aus (ii), indem wir die Einschränkung δ' von δ auf die messbaren Teilmengen von S' betrachten.

(iv) Sei nun $\alpha := \inf\{\delta(A) : A \in \mathcal{A}\}$, also $\alpha \leq 0$. Seien $S_k \subset S$, $k \geq 1$, messbare Teilmengen mit $\delta(S_k) < \infty$ und $\delta(S_k) \to \alpha$. Nach (iii) gibt es negative Mengen $N_k \subset S_k$, so dass $\delta(N_k) \leq \delta(S_k)$ gilt. Es folgt $\delta(N_k) \to \alpha$. Wir setzen nun $A_{\leq} := \bigcup_{k \geq 1} N_k$. Nach (i) ist auch $A_{\leq}$ eine negative Menge. Daher gilt $\delta(A_{\leq}) = \delta(A_{\leq} \setminus N_k) + \delta(N_k) \leq \delta(N_k)$ für alle k und damit $\delta(A_{\leq}) = \alpha$. Es folgt $\alpha > -\infty$. Wir beenden nun den Beweis wie folgt:

Sei $A \subset A_{\leq}$. Da $A_{\leq}$ negativ ist, folgt $\delta(A) \leq 0$ bzw. $\nu(A) \leq \rho(A)$. Dies ist der eine Teil der Behauptung. Sei andererseits $A \subset S \setminus A_{\leq}$. Dann gilt $\delta(A) = \delta(A \cup A_{\leq}) - \delta(A_{\leq}) \geq \alpha - \alpha = 0$. Dies ist der andere Teil der Behauptung. $\square$

Beweis des Satzes von Radon-Nikodym   Der Schluss (ii) $\Rightarrow$ (i) ist offensichtlich. Für (i) $\Rightarrow$ (ii) nehmen wir erst an, dass μ und ν endlich sind. Wir betrachten die Menge messbarer Funktionen

$$\mathcal{F} := \left\{ f \geq 0 : \int_A f \, d\mu \leq \nu(A) \text{ für alle } A \in \mathcal{A} \right\}$$

sowie

$$\beta := \sup_{f \in \mathcal{F}} \int f \, d\mu.$$

Da ν endlich ist, gilt $\beta \leq \nu(S) < \infty$. Wir wollen die gesuchte Dichte h als ein Element von $\mathcal{F}$ mit

$$\int h \, d\mu = \beta$$

bestimmen. Dafür stellen wir fest, dass mit f, f' auch $\max(f, f')$ zu $\mathcal{F}$ gehört. Dann gilt nämlich

$$\int_A \max(f, f') \, d\mu = \int_{A \cap \{f \geq f'\}} f \, d\mu + \int_{A \cap \{f < f'\}} f' \, d\mu$$
$$\leq \nu(A \cap \{f \geq f'\}) + \nu(A \cap \{f < f'\}) = \nu(A).$$

Sind nun $f_1, f_2, \ldots$ Elemente von $\mathcal{F}$ mit $\int f_n \, d\mu \to \beta$, so können wir ohne Einschränkung der Allgemeinheit $0 \le f_1 \le f_2 \le \cdots$ annehmen, sonst ersetze man f_n durch $\max(f_1, \ldots, f_n)$. Für $h := \sup_n f_n$ folgt aufgrund von monotoner Konvergenz $h \in \mathcal{F}$ und $\int h \, d\mu = \beta$.

Für ein $A' \in \mathcal{A}$ gilt also $\int_{A'} h \, d\mu \le \nu(A')$. Um die umgekehrte Ungleichung zu erhalten, betrachten wir zu vorgegebenem $\varepsilon > 0$ das endliche Maß ρ mit $d\rho = (h + \varepsilon 1_{A'}) \, d\mu$, sowie nach dem letzten Satz eine Hahnzerlegung $A_\le, A_\ge$ für ν und ρ. Auf $A_\le$ wird ν durch ρ dominiert, wir erhalten also schon einmal die Abschätzung

$$\nu(A' \cap A_\le) \le \rho(A' \cap A_\le) \le \rho(A') = \int_{A'} h \, d\mu + \varepsilon\mu(A').$$

Auf $A_\ge$ bleibt ρ unterhalb von ν. Deswegen gehört $g := h + \varepsilon 1_{A' \cap A_\ge}$ zu $\mathcal{F}$, für messbares A gilt nämlich

$$\int_A g \, d\mu = \rho(A \cap A_\ge) + \int_{A \cap A_\le} h \, d\mu \le \nu(A \cap A_\ge) + \nu(A \cap A_\le) = \nu(A).$$

Aus $\int g \, d\mu = \beta + \varepsilon\mu(A' \cap A_\ge)$ ergibt sich daher $\mu(A' \cap A_\ge) = 0$ und aufgrund von $\nu \ll \mu$ auch $\nu(A' \cap A_\ge) = 0$. Insgesamt folgt

$$\nu(A') \le \int_{A'} h \, d\mu + \varepsilon\mu(A'),$$

und mit $\varepsilon \to 0$ erhalten wir die gewünschte Ungleichung.

Damit gilt $d\nu = h \, d\mu$. Insbesondere folgt $\nu(h = \infty) = \infty \cdot \mu(h = \infty)$. Da ν endlich ist, erhalten wir auch $h < \infty$ μ-f. ü. Die Eindeutigkeit μ-f. ü. haben wir schon früher behandelt.

Diese Resultate lassen sich leicht auf σ-endliche Maße übertragen, indem man S durch eine Folge von Mengen endlichen Maßes ausschöpft. $\qquad\square$

Der Satz von Radon-Nikodym hat eine Reihe von Anwendungen. Für die Wahrscheinlichkeitstheorie ist der folgende Anwendungsfall besonders wichtig.

Beispiel (Bedingte Erwartungen)

Sei μ ein endliches Maß auf der σ-Algebra $\mathcal{A}$ und sei $h \ge 0$ eine μ-integrierbare Funktion. Dann ist das Maß ν, gegeben durch $d\nu = h \, d\mu$, ebenfalls endlich. Sei weiter $\mathcal{A}'$ eine Teil-σ-Algebra von $\mathcal{A}$. Durch Einschränkung von μ und ν auf $\mathcal{A}'$ entstehen zwei endliche Maße μ' und ν'. Wegen $\nu \ll \mu$ gilt auch $\nu' \ll \mu'$. Nach dem Satz von Radon-Nikodym gibt es also eine $\mathcal{A}'$-messbare Funktion $h' \ge 0$, so dass $d\nu' = h' \, d\mu'$. Dies bedeutet

$$\int_{A'} h \, d\mu = \int_{A'} h' \, d\mu$$

für alle $A' \in \mathcal{A}'$. Wir haben damit die Messbarkeit der Dichte an $\mathcal{A}'$ angepasst. In der Stochastik heißt h' die *bedingte Erwartung von* h, *gegeben* $\mathcal{A}'$, sie ist μ-f. ü. eindeutig. Der

Fall einer beliebigen μ-integrierbaren Funktion h lässt sich durch Zerlegung in Positiv-
und Negativteil behandeln. – In Kap. 12 werden wir einen anderen Zugang zu bedingten
Erwartungen kennenlernen, der auf der Vollständigkeit des $L_2(\mu)$ gründet statt auf dem
Satz von Radon-Nikodym.

Eine weitere Anwendung des Satzes betrifft die Zerlegung von Maßen in absolut stetige und
singuläre Anteile.

Satz 9.3 (Lebesguezerlegung) *Seien μ und ν σ-endliche Maße auf einer σ-Algebra
$\mathcal{A}$. Dann gibt es Maße μ_a und μ_s mit den Eigenschaften:*

(i) $\mu = \mu_a + \mu_s$,
(ii) $\mu_a \ll \nu$ *und* $\mu_s \perp \nu$.

μ_a *und* μ_s *sind eindeutig bestimmt.*

Beweis Offenbar ist ν absolut stetig bzgl. des Maßes $\mu + \nu$. Nach dem Satz von Radon-
Nikodym hat daher ν eine Dichte $h \geq 0$ bzgl. $\mu + \nu$, d. h. es gilt

$$\nu(A) = \int_A h \, d\mu + \int_A h \, d\nu$$

für $A \in \mathcal{A}$. Wir setzen

$$\mu_a(A) := \mu(A \cap \{h > 0\}), \quad \mu_s(A) := \mu(A \cap \{h = 0\}).$$

Dann ist (i) offenbar erfüllt. Ist A eine ν-Nullmenge, so folgt $\int_A h \, d\mu = 0$. Daher ergibt
sich $h1_A = 0$ μ-f. ü. bzw. $1_{A \cap \{h>0\}} = 0$ μ-f. ü. oder $\mu(A \cap \{h > 0\}) = 0$. Dies zeigt $\mu_a \ll \nu$.
Außerdem gilt $\mu_s(h > 0) = 0$ und $\nu(h = 0) = \int_{\{h=0\}} h \, d(\mu + \nu) = 0$, deswegen gilt
$\mu_s \perp \nu$.

Sei nun $\mu = \mu_a' + \mu_s'$ eine weitere Zerlegung mit den Eigenschaften (i) und (ii). Dann
gibt es messbare Mengen N, N' mit $\mu_s(N) = \mu_s'(N') = 0$, deren Komplemente ν-Nullmengen
sind. Also gilt auch $\mu_a(N^c) = \mu_a((N')^c) = 0$. Für messbares A folgt

$$\mu_a(A) = \mu_a(A \cap N \cap N') = \mu(A \cap N \cap N').$$

Für μ_a' gilt die analoge Gleichung, und es folgt $\mu_a = \mu_a'$.

Im Fall $\mu(A) < \infty$ erhalten wir aus (i) $\mu_s(A) = \mu_s'(A)$. Da μ als σ-endlich vorausgesetzt
ist, folgt nun auch $\mu_s = \mu_s'$.   □

9.2   Ein singuläres Maß auf der Cantormenge*

Wir betrachten nun Maße μ, die zum Lebesguemaß λ auf $\mathbb{R}$ singulär sind. Ein Beispiel ist das Diracmaß $\mu = \delta_x$, das seine gesamte Masse in $x \in \mathbb{R}$ konzentriert. Solch ein Punkt x mit $\mu(\{x\}) > 0$ heißt *Atom* von μ. Diskrete Maße, die sich aus abzählbar vielen Atomen zusammensetzen, sind offensichtlich singulär zum Lebesguemaß. Weniger offensichtlich ist, dass es auch zum Lebesguemaß singuläre Maße gibt, die keine Atome besitzen.

Um ein solches Maß zu konstruieren, behandeln wir nun eine Variante der Cantormenge[4], eine Teilmenge C des halboffenen Intervalls $[0, 1)$ innerhalb $\mathbb{R}$. Geometrisch ist C leicht zugänglich: Man zerlege das Intervall $C_0 := [0, 1)$ in gleichlange Teile $[0, 1/3)$, $[1/3, 2/3)$ und $[2/3, 1)$ und entferne den mittleren Teil:

$$C_1 := [0, 1/3) \cup [2/3, 1).$$

Mit den beiden übrigen Intervallen verfährt man analog:

$$C_2 := [0, 1/9) \cup [2/9, 1/3) \cup [2/3, 7/9) \cup [8/9, 1)$$
$$= \bigcup_{a_1 \in \{0,2\}} \bigcup_{a_2 \in \{0,2\}} [a_1/3 + a_2/9, a_1/3 + a_2/9 + 1/9).$$

Bildlich sieht das so aus:

Nach n-maligem Heraustrennen der Mittelintervalle gelangen wir zu der Menge

$$C_n := \bigcup_{a_1 \in \{0,2\}} \cdots \bigcup_{a_n \in \{0,2\}} \left[\sum_{k=1}^{n} a_k 3^{-k}, \sum_{k=1}^{n} a_k 3^{-k} + 3^{-n} \right),$$

also $C_1 \supset C_2 \supset \cdots$. Als *Cantormenge* definieren wir das Resultat nach ∞-facher Wiederholung, also

$$C := \bigcap_{n=1}^{\infty} C_n.$$

---

[4]GEORG CANTOR, 1845–1918, geb. in St. Petersburg, tätig in Halle. Er begründete die Mengenlehre. In den Jahren von 1890 bis 1893 war er der erste Vorsitzende der Deutschen Mathematiker Vereinigung.

(Gewinnt man die Menge C aus abgeschlossenen statt aus halboffenen Intervallen, wie man dies gewöhnlich macht, so entsteht die übliche Cantormenge, die dann auch kompakt ist. Hier tun solche Feinheiten nichts zur Sache; mit unserer Vorgehensweise weichen wir im Folgenden Nichteindeutigkeiten bei b-nären Darstellungen von Zahlen aus.)

C ist eine Nullmenge, nach Konstruktion wird nämlich immer ein Drittel entfernt, so dass $\lambda(C_{n+1}) = \frac{2}{3}\lambda(C_n)$ gilt. Es folgt $\lambda(C_n) = (2/3)^n$ und

$$\lambda(C) = 0.$$

Um C genauer zu beschreiben machen wir Gebrauch von der b-nären Darstellung (zur Basis $b = 2, 3, \ldots$)

$$x = \sum_{k=1}^{\infty} x_k b^{-k}$$

aller Zahlen $x \in [0, 1)$. Dabei nehmen wir an, dass die Folge $x_1, x_2, \ldots$ zu

$$\mathcal{D}_b := \{(x_k)_{k\geq1} : x_k \in \{0, 1, \ldots, b-1\}, x_k \neq b-1 \ \infty\text{-oft}\}$$

gehört. Damit erreichen wir bekanntlich Eindeutigkeit in der Darstellung von x. Dann sind $[0, 1/3)$, $[1/3, 2/3)$ und $[2/3, 1)$ die Bereiche, für die x in ternärer Darstellung ($b = 3$) den Koeffizienten x_1 gleich 0, gleich 1 bzw. gleich 2 hat. Also gilt

$$C_1 = \left\{\sum_{k\geq1} x_k 3^{-k} : (x_k)_{k\geq1} \in \mathcal{D}_3, \ x_1 \neq 1\right\}$$

und iterativ

$$C_n = \left\{\sum_{k\geq1} x_k 3^{-k} : (x_k)_{k\geq1} \in \mathcal{D}_3, \ x_1, \ldots, x_n \neq 1\right\}$$

und schließlich

$$C = \left\{\sum_{k\geq1} x_k 3^{-k} : (x_k)_{k\geq1} \in \mathcal{D}_3, \ x_1, x_2, \ldots \neq 1\right\}.$$

C ist also nicht nur nicht leer, sondern genauso mächtig wie das Intervall $[0, 1)$: Mittels

$$y := \sum_{k=1}^{\infty} y_k 2^{-k} \leftrightarrow \sum_{k=1}^{\infty} 2y_k 3^{-k} =: \varphi(y), \quad (y_k)_{k\geq1} \in \mathcal{D}_2$$

entsteht eine Bijektion $\varphi : [0, 1) \to C$. Sie ist strikt monoton, denn $y < y'$ gilt genau dann, wenn es ein n gibt mit $y_n < y'_n$ und $y_k = y'_k$ für $k < n$, und dann folgt $\varphi(y) < \varphi(y')$.

Das gesuchte singuläre Maß μ findet sich nun als Bildmaß des Lebesguemaßes (eingeschränkt auf $[0, 1)$) unter der Abbildung φ, also

$$\mu(B) := \lambda(\varphi^{-1}(B))$$

für Borelmengen $B \subset [0, 1)$. Da λ keine Atome besitzt und φ injektiv ist, hat auch μ keine Atome. Die Singularität folgt aus $\lambda(C) = 0$, $\mu(C^c) = 0$.

9.3   Differenzierbarkeit*

Wir gehen nun über zu der Betrachtung von Funktionen $f : [a, b] \to \mathbb{R}$. Wir wollen feststellen, welche Funktionen eine Integraldarstellung $f(x) = f(a) + \int_a^x h(z) \, dz$ besitzen. Es liegt nahe, h aus f durch Differentiation zu erhalten, deswegen befassen wir uns zunächst mit dem Differenzieren, und zwar von monotonen Funktionen.

Satz 9.4 (Lebesgue) *Seien* $a < b$ *reelle Zahlen und sei* $f : [a, b] \to \mathbb{R}$ *eine monoton wachsende Funktion. Dann ist* f *f.ü. differenzierbar (bzgl. des Lebesguemaßes) und es gibt eine messbare Funktion* $f' : [a, b] \to \mathbb{R}_+$, *so dass* $f'(x)$ *für fast alle* $x \in (a, b)$ *gleich der Ableitung von* f *an der Stelle* x *ist. Außerdem gilt*

$$\int_a^b f'(z) \, dz \leq f(b) - f(a).$$

Den Beweis führt man, indem man für $a < x < b$ folgende vier „rechts- und linksseitige, obere und untere" Ableitungszahlen miteinander vergleicht:

$$f'_{ro}(x) := \limsup_{h \downarrow 0} \frac{f(x + h) - f(x)}{h}, \quad f'_{ru}(x) := \liminf_{h \downarrow 0} \frac{f(x + h) - f(x)}{h},$$

$$f'_{lo}(x) := \limsup_{h \downarrow 0} \frac{f(x) - f(x - h)}{h}, \quad f'_{lu}(x) := \liminf_{h \downarrow 0} \frac{f(x) - f(x - h)}{h}.$$

Wegen der Monotonie von f sind die vier Ausdrücke alle nichtnegativ. Differenzierbarkeit in x bedeutet, dass sie einen gemeinsamen endlichen Wert annehmen.

Messbarkeitsfragen bereiten hier keine Probleme: Wegen der Monotonie von f gilt $\sup_{h \in (0,r]}(f(x + h) - x)/h = \sup_{h \in (0,r] \cap \mathbb{Q}}(f(x + h) - x)/h$, und es folgt

$$f'_{ro}(x) = \lim_{n \to \infty} \sup_{h \in (0, n^{-1}] \cap \mathbb{Q}} \frac{f(x + h) - f(x)}{h}.$$

Aufgrund der üblichen Eigenschaften messbarer Funktionen erhalten wir die Borelmessbarkeit von $f'_{ro} : (a, b) \to \bar{\mathbb{R}}_+$ und genauso die von f'_{ru}, f'_{lo} und f'_{lu}. Die Borelmessbarkeit der Menge D_f aller Punkte $x \in (a, b)$, in denen f differenzierbar ist, folgt aus

$$D_f = \{x \in (a, b) : f'_{lu}(x) = f'_{lo}(x) = f'_{ru}(x) = f'_{ro}(x) < \infty\}.$$

Der restliche Teil des Lebesgueschen Satzes ist schwieriger zu beweisen. Wir wollen uns anhand eines einfachen Falles plausibel machen, dass zu weiträumige Abweichungen zwischen den Ableitungszahlen zum Widerspruch führen. Nehmen wir an, es gibt Zahlen $r < s$, so dass $f'_{ru}(x) < r < s < f'_{lo}(x)$ für alle $x \in (a, b)$ gilt. Es gibt dann zu jedem x ein $h > 0$ mit $f(x + h) - f(x) \leq rh$. Daher ist es naheliegend, dass sich eine Partition $a = x_0 < x_1 < \cdots < x_{m-1} < x_m = b$ mit $f(x_j) - f(x_{j-1}) \leq r(x_j - x_{j-1})$ für alle $j = 1, \ldots, m$ finden lässt. Wir hätten dann $[a, b]$ in Intervalle $I_j = (x_{j-1}, x_j)$ aufgeteilt, auf denen f geringen Zuwachs hat, und könnten

$$f(b) - f(a) \leq r(b - a)$$

folgern. Dann könnte man aber aus dem anderen Teil der Annahme genauso eine Partition $a = y_0 < y_1 < \cdots < y_{n-1} < y_n = b$ mit $f(y_j) - f(y_{j-1}) \geq s(y_j - y_{j-1})$ für alle $j = 1, \ldots, n$ gewinnen, eine Zerlegung in Intervalle I'_j größeren Zuwachses von f, und wir erhielten auch

$$f(b) - f(a) \geq s(b - a).$$

Insgesamt ergibt sich ein Widerspruch.

Dieselbe Überlegung lässt sich ähnlich auf Teilintervalle und auf die anderen Ableitungszahlen übertragen. Damit wird plausibel, dass es nur dann zu keinem Widerspruch kommt, wenn f'_{lu}, f'_{ru}, f'_{lo} und f'_{ro} fast überall übereinstimmen. Wir wollen diese Argumentation im Folgenden ausarbeiten, dabei gestaltet sich im Allgemeinen die Auswahl passender Intervalle geringeren oder größeren Zuwachses von f etwas komplizierter. Wir bereiten diesen Schritt mit dem folgenden Lemma über *Vitaliüberdeckungen* von Borelmengen vor.

Lemma (Vitalis Überdeckungssatz) *Sei* $B \subset (a, b)$ *eine Borelmenge und* $\mathcal{V}$ *eine Menge von Intervallen* $I \subset (a, b)$ *mit* $\lambda(I) > 0$ *und mit der Eigenschaft: Zu jedem* $x \in B$ *und jedem* $\varepsilon > 0$ *gibt es ein* $I \in \mathcal{V}$, *so dass* $x \in I$ *und* $\lambda(I) \leq \varepsilon$. *Dann gibt es zu jedem* $\varepsilon > 0$ *endlich viele disjunkte Intervalle* $I_1, \ldots, I_n \in \mathcal{V}$, *so dass*

$$\lambda\left(B \setminus \bigcup_{j=1}^{n} I_j\right) \leq \varepsilon.$$

Beweis Wir konstruieren die Intervalle $I_1, I_2, \ldots \in \mathcal{V}$ induktiv. I_1 wird beliebig in $\mathcal{V}$ gewählt. Sind schon $I_1, \ldots, I_k$ gewählt, so setze

$$s_k := \sup\left\{\lambda(I) : I \in \mathcal{V}, I \subset (a, b) \setminus \bigcup_{j=1}^{k} I_j\right\}.$$

Gilt $B \subset \bigcup_{j=1}^{k} \bar{I}_j$ (mit $\bar{I}_j$ gleich dem topologischen Abschluss von I_j), so wird die Konstruktion abgebrochen, andernfalls gilt $s_k > 0$ wegen der Annahmen des Lemmas. Wir wählen dann $I_{k+1} \in \mathcal{V}$, so dass $\lambda(I_{k+1}) \geq s_k/2$.

Bricht die Konstruktion nach n Schritten ab, so erfüllen offenbar die Intervalle $I_1, \ldots, I_n$ unsere Behauptung. Es bleibt der Fall, dass die Konstruktion nicht abbricht. Dann gilt aufgrund von Disjunktheit

$$\sum_{j=1}^{\infty} \lambda(I_j) = \lambda\left(\bigcup_{j=1}^{\infty} I_j\right) \leq b - a < \infty.$$

Es folgt $\lambda(I_k) \to 0$ und $s_k \to 0$ für $k \to \infty$. Auch gibt es zu $\varepsilon > 0$ eine natürliche Zahl n, so dass $\sum_{l>n} \lambda(I_l) \leq \varepsilon/5$. Wir zeigen, dass mit diesem n die Behauptung des Lemmas erfüllt ist.

Dazu beweisen wir

$$B \backslash \bigcup_{j=1}^{n} \bar{I}_j \subset \bigcup_{l>n} I_l^*,$$

wobei I_l^* das Intervall bezeichnet, das denselben Mittelpunkt wie I_l hat, aber dessen 5-fache Länge besitzt. Sei also $x \in B \backslash \bigcup_{j=1}^{n} \bar{I}_j$. Da $\bigcup_{j=1}^{n} \bar{I}_j$ abgeschlossen ist, gibt es ein $I \in \mathcal{V}$ mit $x \in I$, so dass $I, I_1, \ldots, I_n$ disjunkte Intervalle sind. Wäre I mit allen Intervallen I_k disjunkt, so folgte $\lambda(I) \leq s_k$ für alle k und damit $\lambda(I) = 0$, ein Widerspruch. Es gibt also ein $I > n$, so dass $I \cap I_l \neq \emptyset$ und $I \cap I_j = \emptyset$ für alle $j < l$. Es folgt $\lambda(I) \leq s_{l-1} \leq 2\lambda(I_l)$. Daraus und aus $I \cap I_l \neq \emptyset$ ergibt sich, dass I_l, gestreckt mit einem geeigneten Faktor, das Intervall I überdeckt. Genauer gilt $I \subset I_l^*$ mit dem soeben definierten Intervall I_l^* von 5-facher Länge. Wegen $x \in I$ folgt $x \in I_l^*$. Dies ergibt die Behauptung.

Insgesamt folgt

$$\lambda\left(B \backslash \bigcup_{j=1}^{n} I_j\right) \leq \sum_{l>n} \lambda(I_l^*) = 5 \sum_{l>n} \lambda(I_l) \leq \varepsilon.$$

Damit ist das Lemma bewiesen. $\square$

Beweis des Satzes Seien $r < s$ reelle Zahlen. Der Hauptteil des Beweises besteht in dem Nachweis, dass

$$N_{rs} := \{x \in (a, b) : f_{ru}'(x) < r < s < f_{lo}'(x)\}$$

eine Lebesguenullmenge ist.

Sei $\varepsilon > 0$. Aufgrund der äußeren Regularität des Lebesguemaßes nach Satz 7.5 gibt es eine offene Menge O mit $N_{rs} \subset O \subset (a, b)$ und $\lambda(O) \leq \lambda(N_{rs}) + \varepsilon$. Wir betrachten das System $\mathcal{V}$ aller Intervalle $(x, x + h) \subset O$, so dass $x \in N_{rs}$, $h > 0$ und $f(x + h) - f(x) \leq rh$. Nach Definition von N_{rs} erfüllt $\mathcal{V}$ die Bedingungen aus dem Überdeckungssatz von Vitali für $B = N_{rs}$, deswegen gibt es disjunkte Intervalle $I_1 = (x_1, x_1 + h_1), \ldots, I_m = (x_m, x_m + h_m)$ mit

$$\lambda\left(N_{rs}\setminus\bigcup_{j=1}^{m} I_j\right) \leq \varepsilon$$

sowie

$$\sum_{j=1}^{m}(f(x_j + h_j) - f(x_j)) \leq r\sum_{j=1}^{m} h_j = r\lambda\left(\bigcup_{j=1}^{m} I_j\right) \leq r\lambda(O) \leq r(\lambda(N_{rs}) + \varepsilon).$$

Weiter betrachten wir das System $\mathcal{V}'$ aller Intervalle $(y - k, y) \subset \bigcup_{j=1}^{m} I_j$ mit den Eigenschaften $y \in N_{rs}$, $k > 0$ und $f(y) - f(y - k) \geq sk$. Auch $\mathcal{V}'$ erfüllt nach Definition von N_{rs} die Bedingungen des Lemmas für $B = N_{rs} \cap \bigcup_{j=1}^{m} I_j$, deswegen gibt es disjunkte Intervalle $I'_1 = (y_1 - k_1, y_1), \ldots, I'_n = (y_n - k_n, y_n)$ mit

$$\lambda\left((N_{rs} \cap \bigcup_{j=1}^{m} I_j)\setminus\bigcup_{l=1}^{n} I'_l\right) \leq \varepsilon$$

und

$$\sum_{j=1}^{n}(f(y_j) - f(y_j - k_j)) \geq s\sum_{j=1}^{n} k_j = s\lambda\left(\bigcup_{l=1}^{n} I'_l\right) \geq s(\lambda(N_{rs}) - 2\varepsilon).$$

Da jedes I'_l in einem der I_j enthalten und f monoton ist, folgt noch

$$\sum_{j=1}^{n}(f(y_j) - f(y_j - k_j)) \leq \sum_{j=1}^{m}(f(x_j + h_j) - f(x_j)).$$

Insgesamt ergibt sich $s(\lambda(N_{rs}) - 2\varepsilon) \leq r(\lambda(N_{rs}) + \varepsilon)$. Wegen $r < s$ erhalten wir mit $\varepsilon \to 0$ wie behauptet $\lambda(N_{rs}) = 0$.

Da nun die rationalen Zahlen in $\mathbb{R}$ dicht liegen, gilt

$$\{x \in (a, b) : f'_{ru}(x) < f'_{lo}(x)\} = \bigcup_{r,s\in\mathbb{Q}, r<s} N_{rs},$$

und mittels σ-Subadditivität folgt $\lambda(f'_{ru} < f'_{lo}) = 0$, d. h. $f'_{lo} \leq f'_{ru}$ f. ü. Genauso ergibt sich $f'_{ro} \leq f'_{lu}$ f. ü. (durch Vertauschen von Intervallen nach rechts bzw. links). Außerdem gilt offenbar $f'_{ru} \leq f'_{ro}$ und $f'_{lu} \leq f'_{lo}$ und wir erhalten

$$f'_{lo} \leq f'_{ru} \leq f'_{ro} \leq f'_{lu} \leq f'_{lo} \quad \text{f. ü.}$$

Damit sind die vier Ableitungszahlen f. ü. gleich, und f ist f. ü. differenzierbar, wobei die Ableitungen möglicherweise noch ∞ sein können.

Um die f. s. Endlichkeit der Ableitungszahlen zu zeigen, betrachten wir

$$f_n(x) := n(f(x + 1/n) - f(x))1_{(a,b-1/n)}(x).$$

Es gilt $\lim_{n\to\infty} f_n(x) = f'_{ro}(x)$ f. ü. Nach dem Lemma von Fatou und wegen Monotonie folgt

$$\int_a^b f'_{ro}(z)\,dz \leq \liminf_{n\to\infty} \int_a^b f_n(z)\,dz$$

$$= \liminf_{n\to\infty} \left(n\int_{b-1/n}^b f(z)\,dz - n\int_a^{a+1/n} f(z)\,dz \right) \leq f(b) - f(a)$$

Folglich gilt $f'_{ro} < \infty$ f. ü., und f besitzt f. ü. eine endliche Ableitung. Setzen wir schließlich $f'(x) := f'_{ro}(x)$ für $x \in D_f$ und $f'(x) := 0$ sonst, so folgt die Behauptung. $\square$

Beispiel (Cantorfunktion)

Im vorigen Abschnitt haben wir eine strikt wachsende Funktion φ von $[0, 1)$ auf die Cantormenge C konstruiert. Ihre Umkehrfunktion $\psi : C \to [0, 1)$ lässt sich zu einer monotonen Funktion $f : [0, 1) \to [0, 1)$ fortsetzen. Dazu erinnern wir, dass $[0, 1) \setminus C$ aus abzählbar vielen disjunkten Intervallen $[a_n, b_n)$ besteht. Für $x \in [a_n, b_n)$ setzen wir dann $f(x) := f(b_n)$. Dann ist f monoton und surjektiv, und dies zieht die Stetigkeit von f nach sich.

Offenbar gilt $f'(x) = 0$ für alle $x \in (a_n, b_n)$. Da C eine Nullmenge ist, folgt $f' = 0$ f. ü. In diesem Beispiel gilt folglich $\int_0^1 f'(z)\,dz < f(1) - f(0)$.

Es gibt sogar *strikt* monotone, stetige Funktionen $f : [0, 1) \to [0, 1)$, deren Ableitung f. ü. verschwindet. Solche Funktionen sind schwieriger zu konstruieren.

9.4 Absolut stetige Funktionen*

Nun wollen wir diejenigen monotonen Funktionen charakterisieren, für die im vorigen Satz über das Differenzieren monotoner Funktionen sogar auch noch die Gleichung $f(x) = f(a) + \int_a^x f'(z)\,dz$ besteht. Dazu führen wir die folgende (nicht auf monotone Funktionen beschränkte) Sprechweise ein, die die Begriffe von Stetigkeit und gleichmäßiger Stetigkeit verschärft.

Definition

Eine Funktion $f : [a, b] \to \mathbb{R}$ heißt *absolut stetig*, falls für alle $\varepsilon > 0$ ein $\delta > 0$ existiert, so dass für $a \leq x_1 < y_1 \leq x_2 < y_2 \leq \cdots \leq x_n < y_n \leq b$ gilt

$$\sum_{i=1}^n (y_i - x_i) \leq \delta \quad \Rightarrow \quad \sum_{i=1}^n |f(y_i) - f(x_i)| \leq \varepsilon.$$

Zum Beispiel sind Lipschitz-stetige Funktionen absolut stetig. Dies sind Funktionen f, für die es eine Konstante $L < \infty$ gibt, so dass $|f(x) - f(y)| \leq L|x - y|$ gilt für alle x, y. Dazu gehören überall differenzierbare Funktionen mit beschränkter Ableitung.

Satz 9.5 *Eine monoton wachsende Funktion* $f : [a, b] \to \mathbb{R}$ *ist genau dann absolut stetig, wenn es eine nichtnegative, lebesgueintegrierbare Funktion* $h : [a, b] \to \mathbb{R}$ *gibt mit*

$$f(x) = f(a) + \int_a^x h(z)\, dz.$$

Dann gilt $h(x) = f'(x)$ *für fast alle* $x \in (a, b)$.

Beweis (i) Nehmen wir zunächst an, dass f die genannte Integraldarstellung besitzt. Dann gilt für $a \le x_1 < y_1 \le x_2 < y_2 \le \cdots \le x_n < y_n \le b$ und $c > 0$ mit $A := \bigcup_{i=1}^n [x_i, y_i]$

$$\sum_{i=1}^n |f(y_i) - f(x_i)| = \int_A h(z)\, dz \le c\lambda(A) + \int_{\{h>c\}} h(z)\, dz.$$

Zu vorgegebenem $\varepsilon > 0$ können wir c so groß wählen, dass das Integral rechts kleiner als $\varepsilon/2$ ist. Gilt also $\sum_{i=1}^n (y_i - x_i) = \lambda(A) \le \delta$ mit $\delta := \varepsilon/(2c)$, so folgt die Abschätzung $\sum_{i=1}^n |f(y_i) - f(x_i)| \le \varepsilon$. Daher ist f absolut stetig.

(ii) Wir zeigen weiter, dass f bei Annahme der Integraldarstellung f. ü. die Ableitung h hat. Nach den Ergebnissen des letzten Abschnitts ist f f. ü. differenzierbar, es konvergiert also

$$f_n(x) := n(f(x + 1/n) - f(x)) \cdot 1_{(a, b-1/n)}(x)$$

f. ü. gegen $f'(x) \ge 0$. Zu zeigen ist $f' = h$ f. ü.

Wir betrachten zuerst den Fall, dass $h(x) \le c$ für ein $c < \infty$ und alle x. Dann folgt $0 \le f_n(x) \le c$, und der Satz von der dominierten Konvergenz ergibt für $a < x < b$

$$\int_a^x f'(z)\, dz = \lim_{n\to\infty} \int_a^x n(f(z + 1/n) - f(z))\, dz$$

$$= \lim_{n\to\infty} \left(n\int_x^{x+1/n} f(z)\, dz - n\int_a^{a+1/n} f(z)\, dz \right)$$

$$= f(x) - f(a) = \int_a^x h(z)\, dz.$$

Dies bedeutet, dass die beiden Maße auf [a, b], gegeben durch die Dichten $f'\, d\lambda$ und $h\, d\lambda$, auf Intervallen innerhalb [a, b] übereinstimmen. Diese Intervalle bilden einen $\cap$-stabilen Erzeuger der Borel-σ-Algebra, so dass nach dem Eindeutigkeitssatz beide Maße gleich sind. Folglich stimmen die beiden Dichten f' und h f. ü. überein.

Der allgemeine Fall lässt sich nun mit der Zerlegung

$$f(x) - f(a) = f_1(x) + f_2(x) := \int_a^x h_1(z)\,dz + \int_a^x h_2(z)\,dz$$

behandeln, mit $h_1 := h1_{\{h \leq c\}}$, $h_2 := h1_{\{h > c\}}$ und vorgegebenem $c > 0$. f_2 ist monoton wachsend und hat deswegen f. ü. eine nichtnegative Ableitung. Da h_1 durch c beschränkt ist, folgt aus dem soeben Bewiesenen $h_1(x) = f_1'(x) \leq f'(x)$ f. ü. Da h f. ü. endlich ist, folgt mit $c \to \infty$ auch $h \leq f'$ f. ü. Andererseits gilt nach dem Satz über das Differenzieren monotoner Funktionen

$$\int_a^b h(z)\,dz = f(b) - f(a) \geq \int_a^b f'(z)\,dz.$$

Zusammengenommen ergibt das $h = f'$ f. ü., also die Behauptung.

(iii) Sei schließlich f absolut stetig. Wir haben zu beweisen, dass dann f die angegebene Integraldarstellung besitzt. Dazu werden wir zeigen, dass die Funktion

$$g(x) := f(x) - \int_a^x f'(z)\,dz$$

den festen Wert f(a) annimmt.

Nach unseren bisherigen Ergebnissen hat g folgende Eigenschaften: Nach dem Satz über das Differenzieren monotoner Funktionen gilt $\int_x^y f'(z)\,dz \leq f(y) - f(x)$ für Zahlen $x < y$, daher ist g monoton wachsend. Es folgt $|g(x) - g(y)| \leq |f(x) - f(y)|$, daher ist mit f auch g absolut stetig. Schließlich gilt nach (ii) $g'(x) = f'(x) - f'(x)$ f. ü., d. h. die Ableitung von g verschwindet f. ü.

Sei B die Borelmenge aller $x \in (a, b)$ mit $g'(x) = 0$, und sei $\varepsilon > 0$. Wir betrachten das System $\mathcal{V}$ aller Intervalle $[y, z] \subset (a, b)$ mit $y < z$ und $g(z) - g(y) \leq \varepsilon(z - y)$. Zu jedem $x \in B$ und jedem $\delta > 0$ gibt es dann ein Intervall $I \in \mathcal{V}$ mit $x \in I$ und $\lambda(I) \leq \delta$. Nach dem Vitalischen Überdeckungssatz können wir daher zu jedem $\delta > 0$ disjunkte Intervalle $I_j = [y_j, z_j] \in \mathcal{V}$ finden, so dass $\lambda(B \setminus \bigcup_{j=1}^n I_j) \leq \delta$. Da $\lambda([a, b] \setminus B) = 0$, bedeutet dies

$$(y_1 - a) + \sum_{i=1}^{n-1} (y_{i+1} - z_i) + (b - z_n) \leq \delta.$$

Wählen wir δ (in Abhängigkeit von ε) noch ausreichend klein, so folgt aufgrund der Absolutstetigkeit von g

$$g(y_1) - g(a) + \sum_{i=1}^{n-1} (g(y_{i+1}) - g(z_i)) + g(b) - g(z_n) \leq \varepsilon.$$

Nach Definition der Intervalle I_j gilt außerdem

$$\sum_{j=1}^{n}(g(z_j) - g(y_j)) \leq \sum_{j=1}^{n}\varepsilon(z_j - y_j) \leq \varepsilon(b - a).$$

In der Summe beider Ungleichungen ergibt sich $g(b) - g(a) \leq \varepsilon + \varepsilon(b - a)$, und mit $\varepsilon \to 0$ erhalten wir $g(b) \leq g(a) = f(a)$. Da andererseits g monoton wächst, folgt $g(x) = g(a) = f(a)$ für alle $x \in [a, b]$. Dies ist die gewünschte Integraldarstellung. $\qquad\square$

9.5   Funktionen beschränkter Variation*

Nun wollen wir noch die Annahme der Monotonie, die in den beiden letzten Abschnitten wichtig war, hinter uns lassen und zu Funktionen übergehen, die eine Darstellung als Differenzen monotoner Funktionen gestatten.

Definition

Eine Funktion $f : [a, b] \to \mathbb{R}$ heißt von *beschränkter Variation* (oder *endlicher Variation*), falls es eine reelle Zahl $c > 0$ gibt, so dass für alle $n \in \mathbb{N}$ und alle Partitionen $a = x_0 \leq x_1 \leq \cdots \leq x_{n-1} \leq x_n = b$ der Länge n

$$\sum_{i=1}^{n}|f(x_i) - f(x_{i-1})| \leq c$$

gilt.

Satz 9.6 (Jordanzerlegung) *Eine Funktion* $f : [a, b] \to \mathbb{R}$ *ist genau dann von beschränkter Variation, wenn sie Differenz von zwei monoton wachsenden Funktionen* $f_1, f_2 : [a, b] \to \mathbb{R}$ *ist:*
$$f = f_1 - f_2.$$

Beweis Sei f zunächst Differenz der monoton wachsenden Funktionen f_1, f_2. Dann folgt

$$\sum_{i=1}^{n}|f(x_i) - f(x_{i-1})| \leq \sum_{i=1}^{n}(f_1(x_i) - f_1(x_{i-1})) + \sum_{i=1}^{n}(f_2(x_i) - f_2(x_{i-1}))$$
$$= f_1(b) - f_1(a) + f_2(b) - f_2(a).$$

f ist also von beschränkter Variation.

Sei umgekehrt f von beschränkter Variation. Für $a \leq y < z \leq b$ bezeichnet man die nichtnegative Größe

$$v(y, z) := \sup_{y=x_0 \leq x_1 \leq \cdots \leq x_{n-1} \leq x_n = z} \sum_{i=1}^{n} |f(x_i) - f(x_{i-1})|$$

als die *Variation* von f auf dem Intervall $[y, z]$. Für Funktionen beschränkter Variation ist sie offenbar endlich. Gilt $y < u < z$, so können wir u immer mit in jede vorgegebene Partition $x_0 \leq x_1 \leq \cdots \leq x_{n-1} \leq x_n$ aufnehmen, denn die zugehörigen Summen werden dadurch größer und das Supremum bleibt unverändert. Wir können nun die Partition unterhalb und oberhalb von u getrennt voneinander auswählen, also folgt

$$v(y, z) = v(y, u) + v(u, z).$$

Wir setzen

$$f_1(y) := v(a, y), \quad f_2(y) := v(a, y) - f(y),$$

also $f_1 - f_2 = f$. Für $y < z$ gilt $f_1(z) - f_1(y) = v(y, z) \geq 0$ und

$$f_2(z) - f_2(y) = v(y, z) - f(z) + f(y) \geq v(y, z) - |f(z) - f(y)| \geq 0.$$

Also sind f_1 und f_2 monoton wachsend. $\square$

Nach dem Satz über das Differenzieren monotoner Funktionen lässt sich also jede Funktion von beschränkter Variation f. ü. differenzieren. Für absolut stetige Funktionen gilt die folgende Verschärfung.

Satz 9.7 *Eine absolut stetige Funktion* $f : [a, b] \to \mathbb{R}$ *lässt sich darstellen als Differenz* $f = f_1 - f_2$ *zweier monoton wachsender, absolut stetiger Funktionen* f_1, f_2.

Beweis Wie im letzten Beweis arbeiten wir mit der Variation $v(y, z)$. Absolute Stetigkeit von f bedeutet, dass für alle $\varepsilon > 0$ ein $\delta > 0$ existiert, so dass $v(y, z) \leq \varepsilon$ für $z - y \leq \delta$ gilt. Wegen $v(y, z) = v(y, u) + v(u, z)$ folgt $v(y, z) \leq n\varepsilon$ für $z - y \leq n\delta$ und alle $n \in \mathbb{N}$. Insbesondere gilt $v(y, z) < \infty$ für alle $a \leq y < z \leq b$. Absolut stetige Funktionen haben also beschränkte Variation.

Wir verfahren nun wie im letzten Beweis und erhalten monoton wachsende Funktionen $f_1(y) := v(a, y), f_2(y) := v(a, y) - f(y)$, so dass $f = f_1 - f_2$. Es bleibt zu zeigen, dass f_1 (und damit $f_2 = f_1 - f$) absolut stetig ist. Seien also $\delta, \varepsilon > 0$ und $a \leq y_1 < z_1 \leq y_2 < z_2 \leq \cdots \leq$

$y_n < z_n \leq b$ derart, dass $\sum_{j=1}^{n} (z_i - y_i) \leq \delta$. Nach Definition eines Supremums gibt es dann Partitionen $y_i = x_{i,0} \leq x_{i,1} \leq \cdots \leq x_{i,n_i} = z_i$, so dass

$$v(y_i, z_i) \leq 2 \sum_{j=1}^{n_i} |f(x_{i,j}) - f(x_{i,j-1})|.$$

Es gilt

$$\sum_{i=1}^{n} \sum_{j=1}^{n_i} (x_{i,j} - x_{i,j-1}) = \sum_{i=1}^{n} (z_i - y_i) \leq \delta,$$

wegen der absoluten Stetigkeit von f folgt also

$$\sum_{i=1}^{n} \sum_{j=1}^{n_i} |f(x_{i,j}) - f(x_{i,j-1})| \leq \frac{\varepsilon}{2},$$

falls δ ausreichend klein ist. Wir erhalten

$$\sum_{i=1}^{n} (f_1(z_i) - f_1(y_i)) = \sum_{i=1}^{n} v(y_i, z_i) \leq \varepsilon,$$

es ist also f_1 wie behauptet absolut stetig. $\square$

In Verallgemeinerung des Falls monotoner Funktionen zeigen wir nun noch folgende Charakterisierung absolut stetiger Funktionen.

Satz 9.8 *Eine Funktion* $f : [a, b] \to \mathbb{R}$ *ist genau dann absolut stetig, wenn es eine lebesgueintegrierbare Funktion* $h : [a, b] \to \mathbb{R}$ *gibt mit*

$$f(x) = f(a) + \int_a^x h(z)\, dz.$$

Dann gilt $h(x) = f'(x)$ *für fast alle* $x \in (a, b)$.

Beweis Ist f absolut stetig, so gilt $f = f_1 - f_2$ mit monotonen absolut stetigen Funktionen f_1, f_2. Für diese folgt $f_i(x) = f_i(a) + \int_a^x h_i(z)\, dz$, und wir erhalten die Integraldarstellung für f mit $h := h_1 - h_2$.

Gilt umgekehrt die Integraldarstellung, so folgt $f = f_1 - f_2$ mit den monotonen Funktionen $f_1(x) := f(a) + \int_a^x h^+(z)\,dz$, $f_2(x) := \int_a^x h^-(z)\,dz$. Dann sind f_1 und f_2 absolutstetig, und folglich auch f.

Die abschließende Behauptung ergibt sich aus den entsprechenden Aussagen für f_1 und f_2.   □

9.6   Signierte Maße*

Ähnlich wie im letzten Abschnitt bei Funktionen kann man auch bei Maßen von der Monotonie absehen. Dies führt zur Klasse der signierten Maße.

Definition

Eine Abbildung $\delta : \mathcal{A} \to \bar{\mathbb{R}}$ von einer σ-Algebra eines messbaren Raumes $(S, \mathcal{A})$ nach $\bar{\mathbb{R}} = \mathbb{R} \cup \{\infty, -\infty\}$ heißt *signiertes Maß*, falls $\delta(\emptyset) = 0$ und falls für jede (endliche oder unendliche) Folge disjunkter Mengen $A_1, A_2, \ldots \in \mathcal{A}$

$$\delta\left(\bigcup_{n \geq 1} A_n \right) = \sum_{n \geq 1} \delta(A_n)$$

gilt.

Teil der Definition ist, dass die Summe rechts immer wohldefiniert ist. Das bedeutet einerseits, dass die Summationsreihenfolge keine Rolle spielt. Andererseits können in der Summe nicht gleichzeitig ∞ und $-\infty$ als Summanden auftauchen. Damit ist ausgeschlossen, dass es zwei Mengen $A, A' \in \mathcal{A}$ gibt mit $\delta(A) = \infty$ und $\delta(A') = -\infty$. (Dann müsste nämlich $\delta(A \cap A')$ endlich sein und die disjunkten Mengen $A\backslash A'$ und $A'\backslash A$ den Wert ∞ und $-\infty$ haben.) Es ist also entweder ∞ oder $-\infty$ kein Wert von δ.

Offenbar entsteht ein signiertes Maß, wenn man die Differenz $\delta = \mu - \nu$ zweier Maße betrachtet, von denen mindestens eines endlich ist. Es stellt sich heraus, dass man damit schon alle signierten Maße erfasst. Genauer gilt der folgende Satz.

Satz 9.9 (Jordanzerlegung signierter Maße) *Sei δ ein signiertes Maß. Dann gibt es zwei Maße δ^+ und δ^-, von denen mindestens eines endlich ist, so dass $\delta = \delta^+ - \delta^-$ und $\delta^+ \perp \delta^-$. Diese beiden Maße sind eindeutig bestimmt, und es gilt*

$$\delta^+(A) = \sup_{A' \subset A} \delta(A'), \quad \delta^-(A) = \inf_{A' \subset A} \delta(A').$$

δ^+ und δ^- heißen *positive* und *negative Variation* von δ. Man kann sich also ein signiertes Maß als Ladungsverteilung im Raum S vorstellen, mit positivem und negativem Ladungsanteil (so wie man mit Maßen die Vorstellung einer Massenverteilung im Raum verbinden kann). Der Beweis des Satzes beruht auf einer Hahnzerlegung für signierte Maße.

Satz 9.10 (Hahnzerlegung) *Sei δ ein signiertes Maß auf einer σ-Algebra. Dann gibt es messbare Mengen $A_\geq$ und $A_\leq = S \backslash A_\geq$, so dass für alle messbaren Mengen A gilt:*

$$\delta(A) \geq 0 \text{ für } A \subset A_\geq,$$
$$\delta(A) \leq 0 \text{ für } A \subset A_\leq.$$

Beweis Ohne Einschränkung sei $\delta(A) > -\infty$ für alle messbaren A. Dann können wir den Beweis von Satz 9.2 vollständig übernehmen. $\square$

Beweis der Jordanzerlegung Ist $A_\geq, A_\leq$ eine Hahnzerlegung von δ, so setzen wir

$$\delta^+(A) := \delta(A \cap A_\geq), \quad \delta^-(A) := -\delta(A \cap A_\leq).$$

δ^+ und δ^- erfüllen dann $\delta = \delta^+ - \delta^-$ und $\delta^+ \perp \delta^-$.

Zur Eindeutigkeit: Sei $\delta = \mu - \nu$ und $\mu \perp \nu$. Für messbare Mengen $A' \subset A$ gilt dann

$$\delta(A') \leq \mu(A') \leq \mu(A).$$

Außerdem gibt es eine messbare Menge B, so dass $\nu(B) = \mu(B^c) = 0$. Es folgt

$$\delta(A \cap B) = \mu(A \cap B) = \mu(A).$$

Beide Aussagen ergeben zusammen

$$\mu(A) = \sup_{A' \subset A} \delta(A').$$

Analog gilt

$$\nu(A) = -\inf_{A' \subset A} \delta(A').$$

Daher sind μ und ν eindeutig durch δ festgelegt, und diese Formeln gelten auch für δ^+ bzw. δ^-. $\square$

Übungsaufgaben

Aufgabe 9.1 Seien μ und ν σ-endlich. Zeigen Sie, dass dann $\nu \ll \mu$ äquivalent ist zu der Bedingung

$$\forall \varepsilon > 0 \; \exists \delta > 0 : \mu(A) \leq \delta \Rightarrow \nu(A) \leq \varepsilon.$$

Hinweis: Der Satz von Radon-Nikodym ist hilfreich. Aus $d\nu = h\,d\mu$ folgt für alle $c > 0$

$$\nu(A) \leq \int_{A \cap \{h \leq c\}} c\,d\mu + \int_{A \cap \{h > c\}} h\,d\mu \leq c\mu(A) + \nu(h > c).$$

Aufgabe 9.2 Sei S überabzählbar, sei $\mathcal{A}$ die σ-Algebra aller $A \subset S$, die entweder selbst abzählbar oder deren Komplement abzählbar ist, und sei $h : S \to \mathbb{R}$ eine nichtnegative Funktion. Wir betrachten die Maße μ, ν auf $\mathcal{A}$, gegeben durch $\mu(A) := \#A$ und

$$\nu(A) := \begin{cases} \sum_{x \in A} h(x), & \text{falls } A \text{ abzählbar,} \\ \infty & \text{sonst.} \end{cases}$$

(i) Wann gilt $\nu \ll \mu$? (ii) Wann hat ν eine Dichte bzgl. μ? (Vgl. Aufgabe 2.1)

Aufgabe 9.3 Sei $B \subset \mathbb{R}$ eine Borelmenge. Zeigen Sie, dass für fast alle $x \in B$

$$\lim_{h \downarrow 0} \frac{\lambda([x - h, x + h] \cap B)}{2h} = 1$$

gilt. Man sagt, fast alle Elemente von B sind *Dichtepunkte* von B.

Aufgabe 9.4 Ist die stetige Funktion $f(x) := x\sin(1/x)$, $f(0) := 0$ auf dem Intervall $[0, 1]$ von beschränkter Variation? Wie steht es mit $g(x) := xf(x)$?

Aufgabe 9.5 Sei $\delta = \mu - \nu$ mit Maßen μ und ν (eines von beiden endlich). Zeigen Sie: $\delta^+(A) \leq \mu(A)$ und $\delta^-(A) \leq \nu(A)$ für alle messbaren A.

Aufgabe 9.6 Für ein signiertes Maß δ definiert man die *Variation* als das Maß $|\delta|$ gegeben durch $|\delta| := \delta^+ + \delta^-$. Zeigen Sie

$$|\delta|(A) = \sup\left\{ \sum_{k=1}^{n} |\delta(A_k)| : A_1, \ldots, A_n \text{ sind disjunkt}, \bigcup_{k=1}^{n} A_k \subset A \right\}.$$

Die Transformationsformel von Jacobi

10

Die Bestimmung des Volumens von Parallelotopen im Euklidischen Raum mittels Determinanten haben wir in Satz 3.4 behandelt. In diesem Kapitel geben wir eine weitreichende Verallgemeinerung dieses Sachverhalts an, die auf Jacobi[1] zurückgeht.

Seien G, H offene Teilmengen des $\mathbb{R}^d$ und sei

$$\varphi : G \to H$$

ein C^1-Diffeomorphismus, d. h. eine bijektive Abbildung zwischen G und H, die in beiden Richtungen stetig differenzierbar ist. Für festes $x \in G$ gilt also

$$\varphi(x + v) = \varphi(x) + \varphi'_x(v) + o(|v|), \tag{10.1}$$

falls $v \in \mathbb{R}^d$ gegen 0 geht. Dabei bezeichnet φ'_x für jedes x eine lineare Abbildung von $\mathbb{R}^d$ nach $\mathbb{R}^d$. Nach dem Satz über inverse Funktionen ist φ'_x für alle x bijektiv und $\varphi'_x(v)$ ist gemeinsam in x und v stetig; für die Umkehrabbildung $\psi: H \to G$ bestehen analoge Sachverhalte, und es gilt

$$\psi'_{\varphi(x)} = (\varphi'_x)^{-1}.$$

In Verallgemeinerung von Satz 3.4 beweisen wir nun das folgende Resultat.

Satz 10.1 *Für C^1-Diffeomorphismen $\varphi : G \to H$ und Borelmengen $B \subset G$ gilt*

$$\lambda^d(\varphi(B)) = \int_B |\det \varphi'_x| \, dx.$$

---

[1]CARL GUSTAV JACOBI, 1804–1851, geb. in Potsdam, tätig in Königsberg und Berlin. Er arbeitete über Zahlentheorie, elliptische Funktionen und Mechanik.

© Springer Basel AG 2019
M. Brokate und G. Kersting, *Maß und Integral,* Mathematik Kompakt,
https://doi.org/10.1007/978-3-0348-0988-7_10

Da $\varphi(B) = \psi^{-1}(B)$ und da ψ borelmessbar ist, ist $\varphi(B)$ eine Borelmenge. Ein Großteil des Beweises befasst sich mit der geometrischen Eigenschaft von Diffeomorphismen, dass sich die Bilder von Quadern unter φ (wie in der folgenden Abbildung dargestellt) von außen und innen durch Parallelotope einschachteln lassen, und zwar um so genauer, je kleiner die Quader sind.

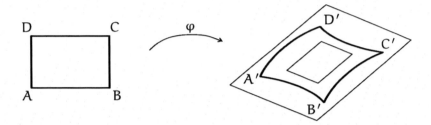

Sei $Q := [-c_1, c_1) \times \cdots \times [-c_d, c_d)$, $c_1, \ldots, c_d > 0$, ein d-dimensionales Intevall mit Zentrum 0. Den um den Faktor $\sigma > 0$ in alle Richtungen verzerrten und um $x \in \mathbb{R}^d$ verschobenen Quader bezeichnen wir mit $x + \sigma Q$. Sein Bild $\varphi(x + \sigma Q)$ lässt sich dann unter Benutzung des Parallelotops $\varphi'_x(\sigma Q)$ einschachteln. Genauer gilt der folgende Sachverhalt.

Lemma *Sei* $K \subset G$ *kompakt und* $0 < \eta < 1$. *Ist dann* $\sigma > 0$ *ausreichend klein, so gilt*

$$\varphi(x) + (1 - \eta)\varphi'_x(\sigma Q) \subset \varphi(x + \sigma Q) \subset \varphi(x) + (1 + \eta)\varphi'_x(\sigma Q)$$

für alle $x \in K$.

Beweis (i) Vorbereitend zeigen wir, dass die Taylorentwicklung (10.1) gleichmäßig auf Kompakta gilt. Da $K \subset G$ kompakt ist, gibt es ein $\kappa > 0$, so dass $x + v \in G$ für $x \in K$ und $v \in \mathbb{R}^d$ mit $|v| \leq \kappa$. Wir behaupten, dass es für alle $\varepsilon > 0$ ein $\delta \in (0, \kappa]$ gibt, so dass

$$|\varphi(x + v) - \varphi(x) - \varphi'_x(v)| \leq \varepsilon|v| \tag{10.2}$$

für alle $x \in K$ und $v \in \mathbb{R}^d$ mit $|v| \leq \delta$.

Zum Beweis bemerken wir, dass die Abbildung $(x, z) \mapsto \varphi'_x(z)$ stetig und daher auf dem Kompaktum $\{(x + v, z) : x \in K, |v| \leq \kappa, |z| = 1\}$ gleichmäßig stetig ist. Für $\varepsilon > 0$ gibt es also ein $\delta \in (0, \kappa]$, so dass $|\varphi'_{x+v}(z) - \varphi'_x(z)| \leq \varepsilon$ für $x \in K$, $|v| \leq \delta$ und $|z| = 1$. Für $x \in K$, $|v| \leq \delta$ betrachten wir nun die Funktion

$$g(t) := \varphi(x + tv) - \varphi(x) - t\varphi'_x(v), \ 0 \leq t \leq 1.$$

Nach unseren Differenzierbarkeitsannahmen gilt $g'(t) = \varphi'_{x+tv}(v) - \varphi'_x(v)$. Wegen $g(0) = 0$ folgt

$$|g(1)| = \left| \int_0^1 g'(t)\,dt \right| \leq \int_0^1 |\varphi_{x+tv}(v) - \varphi_x(v)|\,dt \leq \varepsilon |v|.$$

Dies ist (10.2).

(ii) Wir beweisen nun die Behauptung des Lemmas. Dabei bezeichne Q hier allgemeiner ein Parallelotop, dessen Inneres den Ursprung 0 des $\mathbb{R}^d$ enthält. Zunächst halten wir fest: Für ausreichend kleines σ gilt $x + \sigma Q \subset G$ für alle $x \in K$.

Zur rechten Inklusion: Zu $x \in K$ und $v \in \sigma Q$ suchen wir ein $u \in \eta \sigma Q$ mit $\varphi(x + v) = \varphi(x) + \varphi'_x(v + u)$. Diese Gleichung ist offenbar erfüllt für

$$u := \psi'_{\varphi(x)}(\varphi(x + v) - \varphi(x) - \varphi'_x(v)).$$

Die Abbildung $(x, z) \mapsto |\psi'_{\varphi(x)}(z)|$ hat auf dem Kompaktum $\{(x, z) : x \in K,\ |z| = 1\}$ ein endliches Maximum m. Wählen wir nun $\varepsilon = \rho/m$ mit $\rho > 0$ in (10.2), so folgt

$$|u| \leq m|\varphi(x + v) - \varphi(x) - \varphi'_x(v)| \leq m\varepsilon|v| = \rho|v|$$

für alle $x \in K$, $v \in \sigma Q$, falls σ hinreichend klein ist. Da 0 innerer Punkt von Q ist, folgt weiter $v + u \in (1 + \eta)\sigma Q$, falls ρ ausreichend klein gewählt wurde, und damit $\varphi(x + v) \in \varphi(x) + (1 + \eta)\varphi'_x(\sigma Q)$. Dies beweist die rechte Inklusion des Lemmas.

Zur linken Inklusion: Auch $\varphi'_x(Q)$ enthält im Inneren den Punkt 0. Wenden wir also unser soeben erhaltenes Resultat auf das Kompaktum $\varphi(K)$, die Abbildung ψ, den Punkt $\varphi(x)$, das Parallelotop $\varphi'_x(Q)$ und den Faktor $(1 - \eta)\sigma$ anstelle von K, φ, x, Q und σ an, so ergibt sich

$$\psi(\varphi(x) + (1 - \eta)\sigma\varphi'_x(Q)) \subset x + (1 + \eta)(1 - \eta)\sigma Q \subset x + \sigma Q.$$

Durch Anwendung der Abbildung φ erhalten wir die behauptete linke Inklusion des Lemmas. $\qquad\square$

Beweis des Satzes Sei wieder $Q = [-c_1, c_1) \times \cdots \times [-c_d, c_d)$. Wir bestimmen zunächst das Lebesguemaß von $\varphi(z + Q)$ unter der Annahme, dass der topologische Abschluss K von $z + Q$ in G enthalten ist. Dazu benutzen wir, dass $z + Q$ für jede natürliche Zahl n in n^d disjunkte Quader $Q_{in} = x_{in} + n^{-1}Q$, $i = 1, \ldots, n^d$, zerlegt werden kann, mit $x_{in} \in K$. Die folgende Abbildung illustriert den Fall $d = 3$, $n = 2$.

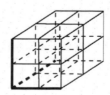

Wegen der Bijektivität von φ überträgt sich die Zerlegung auf $\varphi(z + Q)$. Unter Beachtung von Additivität, Monotonie und Translationsinvarianz des Lebesguemaßes folgt dann aus dem Lemma für ausreichend großes n

$$\sum_{i=1}^{n^d} \lambda^d((1 - \eta)\,\varphi'_{x_{in}}(n^{-1}Q)) \leq \lambda^d(\varphi(z + Q)) \leq \cdots$$

dabei haben wir die obere Abschätzung (mit η anstelle von $-\eta$) nicht mehr ausgeschrieben. Das Transformationsverhalten des Lebesguemaßes unter linearen Abbildungen ist uns aus Satz 3.4 bekannt, es folgt also

$$(1 - \eta)^d \sum_{i=1}^{n^d} |\det \varphi'_{x_{in}}| \lambda^d(n^{-1}Q) \leq \lambda^d(\varphi(z + Q)) \leq (1 + \eta)^d \cdots$$

oder in Integralschreibweise

$$(1 - \eta)^d \int \sum_{i=1}^{n^d} |\det \varphi'_{x_{in}}| 1_{Q_{in}} d\lambda^d \leq \lambda^d(\varphi(z + Q)) \leq (1 + \eta)^d \cdots$$

Wegen der Stetigkeit von $|\det \varphi'_x|$ sind die Integranden gemeinsam durch eine Konstante beschränkt, und sie konvergieren für $n \to \infty$ gegen $|\det \varphi'_x| 1_{z+Q}$. Nach dem Satz von der dominierten Konvergenz folgt

$$(1 - \eta)^d \int |\det \varphi'_x| 1_{z+Q} dx \leq \lambda^d(\varphi(z + Q)) \leq (1 + \eta)^d \cdots$$

und mit $\eta \to 0$ erhalten wir schließlich

$$\lambda^d(\varphi(z + Q)) = \int_{z+Q} |\det \varphi'_x| dx.$$

Damit ist die Formel für halboffene Quader bewiesen, sie überträgt sich nun auch auf jede endliche disjunkte Vereinigung solcher Quader, deren topologischer Abschluss in G enthalten ist. Das System dieser Vereinigungen ist ein $\cap$-stabiler Erzeuger der σ-Algebra aller Borelmengen $B \subset G$. Zusätzlich erfüllt es die Voraussetzungen des Eindeutigkeitssatzes, angewandt auf die Maße

$$\mu(B) := \lambda^d(\varphi(B)), \quad \nu(B) := \int_B |\det \varphi'_x| dx$$

mit $B \subset G$, denn die offene Menge G lässt sich als abzählbare Vereinigung solcher Quader darstellen. Dies ergibt die Behauptung. $\square$

Mithilfe des Monotonieprinzips erhalten wir nun die folgende „Substitutionsregel" für das Integrieren.

▶**Folgerung Transformationsformel von Jacobi** *Für* C^1*-Diffeomorphismen* $\varphi : G \to H$ *und nichtnegative messbare Funktionen* $f : H \to \bar{\mathbb{R}}_+$ *gilt*

$$\int_H f(y)dy = \int_G f(\varphi(x)) \cdot |\det \varphi'_x|dx.$$

Beweis Für die Borelmenge $B' = \varphi(B)$ lässt sich Satz 10.1 umschreiben zu

$$\int_H 1_{B'}(y)dy = \int_G 1_{B'} \circ \varphi(x) \cdot |\det \varphi'_x|dx.$$

Die Behauptung folgt nun aus dem Monotonieprinzip von Satz 2.8.   □

Für integrierbare Funktionen gilt eine analoge Formel. Das folgende Beispiel enthält eine bekannte Anwendung.

Beispiel (Polarkoordinaten)

Durch die Abbildung

$$x = (r, \alpha) \mapsto y = (u, v) := (r\cos\alpha, r\sin\alpha)$$

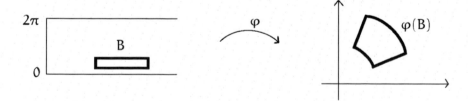

ist ein C^1-Diffeomorphismus von $G := (0, \infty) \times (0, 2\pi)$ nach $H = \mathbb{R}^2 \setminus \{0\} \times \mathbb{R}_+$ gegeben. Die Zeichnung zeigt, dass eine ortsabhängige Verzerrung vorliegt, die gleich r ist. In der Tat ergibt sich für die Funktionaldeterminante

$$\det \varphi'_x = \det \begin{pmatrix} \partial u/\partial r & \partial u/\partial \alpha \\ \partial v/\partial r & \partial v/\partial \alpha \end{pmatrix} = \det \begin{pmatrix} \cos\alpha & -r\sin\alpha \\ \sin\alpha & r\cos\alpha \end{pmatrix} = r.$$

Einen interessanten Anwendungsfall der Transformationsformel erhält man für

$$f(y) = \exp(-|y|^2) = \exp(-u^2 - v^2).$$

Die Formel ergibt

$$\int_{\mathbb{R}^2} \exp(-u^2)\exp(-v^2)dudv = \int_G \exp(-r^2)r\,d\alpha dr,$$

dabei haben wir H schon um die Nullmenge $\{0\} \times \mathbb{R}_+$ zu $\mathbb{R}^2$ ergänzt. Nach dem Satz von Fubini aus dem vorigen Kapitel können wir beide zweidimensionale Lebesgueintegrale durch Doppelintegrale jeweils nach beiden Variablen ersetzen, also

$$\int_{-\infty}^{\infty} \exp(-u^2)du \int_{-\infty}^{\infty} \exp(-v^2)dv = \int_0^{2\pi} d\alpha \int_0^{\infty} \exp(-r^2)r\,dr = 2\pi \cdot \frac{1}{2}.$$

Wir erhalten die uns schon bekannte Formel

$$\int_{-\infty}^{\infty} \exp(-u^2)du = \sqrt{\pi}.$$

Diese Überlegung geht auf Gauß[2] zurück.

Übungsaufgaben

Aufgabe 10.1 Berechnen Sie

$$\iint_B x^2 y^2 dxdy$$

mit $B := \{(x,\ y) \in \mathbb{R}^2\ :\ x^2 + y^2 \leq 1\}$.

---

[2]CARL FRIEDRICH GAUSS, 1777–1855, geb. in Braunschweig, tätig in Braunschweig und an der Sternwarte in Göttingen. Seine Beiträge prägen die gesamte Mathematik bis in unsere Zeit. Auch für Astronomie, Physik und Geodäsie hat er bleibende Verdienste.

Konstruktion von Maßen 11

Sei $\mathcal{A}$ eine σ-Algebra auf S mit Erzeuger $\mathcal{E}$ und sei

$$\pi : \mathcal{E} \to \bar{\mathbb{R}}_+$$

eine Abbildung, die jedem Element E des Erzeugers als Wert eine nichtnegative Zahl $\pi(E)$ zuordnet (möglicherweise den Wert ∞). In diesem Abschnitt wollen wir Bedingungen angeben, unter denen sich π zu einem Maß μ auf $\mathcal{A}$ fortsetzen lässt. In Anlehnung an Carathéodory fragen wir genauer, unter welchen Umständen dazu die π zugeordnete Abbildung

$$\mu : \mathcal{A} \to \bar{\mathbb{R}}_+$$

genutzt werden kann, gegeben durch

$$\mu(A) := \inf\left\{ \sum_{m \geq 1} \pi(E_m) : E_1, E_2, \ldots \in \mathcal{E}, A \subset \bigcup_{m \geq 1} E_m \right\}.$$

Wie üblich setzen wir dabei inf $\emptyset := \infty$. (Wir schließen damit an die Erörterungen über Regularität von Maßen in Kap. 7 an, benötigen diese im Folgenden aber nicht.)

Die Idee ist also, das Maß von A durch Approximation von außen zu finden, indem man A mit endlich oder unendlich vielen Elementen $E_1, E_2, \ldots$ aus $\mathcal{E}$ überdeckt

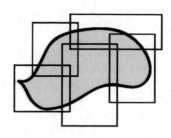

M. Brokate und G. Kersting, *Maß und Integral,* Mathematik Kompakt,
https://doi.org/10.1007/978-3-0348-0988-7_11

und dabei deren Maße in der Summe möglichst klein macht. Gefragt ist, unter welchen Bedingungen diese Vorgehensweise zum Ziel führt. Wir werden auf einige Anwendungsfälle eingehen.

Vorbereitend behandeln wir zuerst ein allgemeines Verfahren zur Gewinnung von Maßen aus äußeren Maßen, das auf Carathéodory zurückgeht. Es hat einen größeren Anwendungsradius und ergibt z. B. auch die Hausdorffmaße, auf die wir am Ende des Kapitels eingehen.

11.1   Äußere Maße

Definition

Eine Abbildung

$$\eta : \mathcal{P}(S) \to \bar{\mathbb{R}}_+$$

auf der Potenzmenge $\mathcal{P}(S)$ von S heißt *äußeres Maß,* falls gilt:

 (i) $\eta(\emptyset) = 0$,
 (ii) σ-Subadditivität: $\eta(A) \leq \sum_{n \geq 1} \eta(A_n)$ für alle $A, A_1, A_2, \ldots \subset S$ mit der Eigenschaft $A \subset \bigcup_{n \geq 1} A_n$.

Eine Teilmenge $A \subset S$ heißt η-*messbar,* wenn für alle $C \subset S$

$$\eta(C \cap A) + \eta(C \cap A^c) = \eta(C)$$

gilt.

Insbesondere enthält die σ-Subadditivität die Eigenschaft der

(iii) Monotonie: $\eta(A) \leq \eta(A')$, falls $A \subset A'$.

η-Messbarkeit von A bedeutet, dass man η in zwei Teile auf A und A^c zerlegen kann, aus denen man dann η auch wieder durch Addieren zurückgewinnt. Für die η-Messbarkeit von A langt es, dass $\eta(C \cap A) + \eta(C \cap A^c) \leq \eta(C)$ gilt, denn die Subadditivität ergibt die umgekehrte Ungleichung.

Es gilt der folgende Sachverhalt.

Satz 11.1 (Carathéodory) *Sei* η *äußeres Maß auf* S. *Dann ist das System* $\mathcal{A}_\eta$ *aller* η-*messbaren Mengen eine σ-Algebra, und die Einschränkung von* η *auf* $\mathcal{A}_\eta$ *ist ein Maß.*

Beweis Unmittelbar einsichtig sind die Eigenschaften

$$S \in \mathcal{A}_\eta \quad \text{und} \quad A \in \mathcal{A}_\eta \Rightarrow A^c \in \mathcal{A}_\eta.$$

Seien $A_1, A_2 \in \mathcal{A}_\eta$. Mehrfache Anwendung der Eigenschaft η-messbarer Teilmengen ergibt

$$\begin{aligned}
\eta(C) &= \eta(C \cap A_1) + \eta(C \cap A_1^c) \qquad\qquad\qquad\qquad (11.1)\\
&= \eta(C \cap A_1) + \eta(C \cap A_1^c \cap A_2) + \eta(C \cap A_1^c \cap A_2^c)\\
&= \eta(C \cap (A_1 \cup A_2) \cap A_1) + \eta(C \cap (A_1 \cup A_2) \cap A_1^c)\\
&\quad + \eta(C \cap (A_1 \cup A_2)^c)\\
&= \eta(C \cap (A_1 \cup A_2)) + \eta(C \cap (A_1 \cup A_2)^c).
\end{aligned}$$

Es folgt $A_1 \cup A_2 \in \mathcal{A}_\eta$ und $A_1 \cap A_2 = (A_1^c \cup A_2^c)^c \in \mathcal{A}_\eta$. Sind A_1 und A_2 disjunkt, so erhalten wir aus Zeile (11.1) bei der Wahl $C \cap (A_1 \cup A_2)$ anstelle von C die Additivitätseigenschaft

$$\eta(C \cap (A_1 \cup A_2)) = \eta(C \cap A_1) + \eta(C \cap A_2).$$

Seien weiter $A_1, A_2, \ldots \in \mathcal{A}_\eta$ paarweise disjunkt. Nach der soeben gezeigten Additivität und der Monotonie von η folgt für natürliche Zahlen r

$$\begin{aligned}
\eta(C) &= \eta\Big(C \cap \bigcup_{n=1}^{r} A_n\Big) + \eta\Big(C \cap \Big(\bigcup_{n=1}^{r} A_n\Big)^c\Big)\\
&\geq \sum_{n=1}^{r} \eta\big(C \cap A_n\big) + \eta\Big(C \cap \Big(\bigcup_{n\geq 1} A_n\Big)^c\Big)
\end{aligned}$$

Mittels $r \to \infty$ und σ-Subadditivität ergibt sich

$$\begin{aligned}
\eta(C) &\geq \sum_{n\geq 1} \eta(C \cap A_n) + \eta\Big(C \cap \Big(\bigcup_{n\geq 1} A_n\Big)^c\Big) \qquad\qquad (11.2)\\
&\geq \eta\Big(C \cap \bigcup_{n\geq 1} A_n\Big) + \eta\Big(C \cap \Big(\bigcup_{n\geq 1} A_n\Big)^c\Big)\\
&\geq \eta(C).
\end{aligned}$$

Es gelten also überall Gleichheitszeichen und es folgt $\bigcup_{n\geq 1} A_n \in \mathcal{A}_\eta$. Wählen wir insbesondere $C = \bigcup_{n\geq 1} A_n$ in Zeile (11.2), so erhalten wir

$$\eta\Big(\bigcup_{n\geq 1} A_n\Big) = \sum_{n\geq 1} \eta(A_n),$$

d.h. η ist σ-additiv auf $\mathcal{A}_\eta$. Schließlich lassen sich beliebige abzählbare Vereinigungen gemäß

$$\bigcup_{n \geq 1} A_n = \bigcup_{n \geq 1} A_n \cap A_1^c \cap \cdots \cap A_{n-1}^c$$

auf disjunkte Vereinigungen zurückführen, so dass $\mathcal{A}_\eta$ eine σ-Algebra ist.   □

11.2 Maßfortsetzung

Wir nutzen nun äußere Maße zum Beweis des folgenden Satzes.

Satz 11.2 (Fortsetzungssatz) *Sei $\mathcal{E}$ ein Erzeuger der σ-Algebra $\mathcal{A}$ auf S und sei $\pi : \mathcal{E} \to \bar{\mathbb{R}}_+$ eine Abbildung. Dann ist durch*

$$\mu(A) := \inf \left\{ \sum_{m \geq 1} \pi(E_m) : E_1, E_2, \ldots \in \mathcal{E}, A \subset \bigcup_{m \geq 1} E_m \right\}, \quad A \in \mathcal{A},$$

genau dann ein Maß μ auf $\mathcal{A}$ gegeben, das auf $\mathcal{E}$ mit π übereinstimmt, wenn die Bedingungen

(i) $\mu(\emptyset) = 0$,
(ii) $\mu(E) = \pi(E)$ für alle $E \in \mathcal{E}$,
(iii) $\mu(E' \cap E) + \mu(E' \cap E^c) \leq \pi(E')$ für alle $E, E' \in \mathcal{E}$

erfüllt sind.

Da immer die Ungleichung $\mu(E) \leq \pi(E)$ gilt, kann (ii) durch $\mu(E) \geq \pi(E)$ ersetzt werden. Der Beweis dieser Bedingung von unscheinbarer Gestalt erfordert typischerweise einigen Aufwand. Nach Definition von μ ist sie äquivalent zu der Bedingung

(ii') $\pi(E) \leq \sum_{m \geq 1} \pi(E_m)$ für $E, E_1, E_2, \ldots \in \mathcal{E}$ und $E \subset \bigcup_{m \geq 1} E_m$.

Wir werden sehen, wie man zu ihrem Nachweis die unendliche Überdeckung von E durch andere, leichter handhabbare endliche Überdeckungen ersetzt. Solche Argumentationen, die auf Kompaktheitsargumenten beruhen, gehen auf Borel zurück, der ja das topologische Konzept der Kompaktheit in der Mathematik etablierte.

Beweis Offenbar sind die Bedingungen notwendig. Zum Nachweis, dass sie hinreichen, setzen wir μ auf die gesamte Potenzmenge fort zu

$$\eta(A) := \inf\left\{ \sum_{m\geq 1} \pi(E_m) : E_1, E_2, \ldots \in \mathcal{E}, A \subset \bigcup_{m\geq 1} E_m \right\} \quad \text{für alle } A \subset S.$$

η ist σ-subadditiv: Seien $A, A_1, A_2, \ldots \subset S$ derart, dass $A \subset \bigcup_{n\geq 1} A_n$ gilt. Zu jedem $\varepsilon > 0$ gibt es nach Definition von η Elemente $E_{1n}, E_{2n}, \ldots$ von $\mathcal{E}$, so dass $A_n \subset \bigcup_{m\geq 1} E_{mn}$ und

$$\sum_{m\geq 1} \pi(E_{mn}) \leq \eta(A_n) + \varepsilon 2^{-n}.$$

Es folgt $A \subset \bigcup_{m,n\geq 1} E_{mn}$ und

$$\eta(A) \leq \sum_{m,n\geq 1} \pi(E_{mn}) \leq \sum_{n\geq 1}(\eta(A_n) + \varepsilon 2^{-n}) \leq \sum_{n\geq 1} \eta(A_n) + \varepsilon.$$

Mit $\varepsilon \to 0$ erhalten wir die σ-Subadditivität. Nach (i) gilt zudem $\eta(\emptyset) = 0$, η ist also ein äußeres Maß.

Nun zeigen wir, dass jedes $E \in \mathcal{E}$ eine η-messbare Menge ist. Sei also $C \subset S$ und $E_1, E_2, \ldots \in \mathcal{E}$ mit $C \subset \bigcup_{m\geq 1} E_m$. Mittels σ-Subadditivität von η folgt

$$\eta(C) \leq \eta(C \cap E) + \eta(C \cap E^c) \leq \sum_{m\geq 1} \eta(E_m \cap E) + \sum_{m\geq 1} \eta(E_m \cap E^c)$$

und nach (iii)

$$\eta(C) \leq \eta(C \cap E) + \eta(C \cap E^c) \leq \sum_{m\geq 1} \pi(E_m).$$

Nach Definition von η können wir zu vorgegebenem $\varepsilon > 0$ nun $E_1, E_2, \ldots$ so wählen, dass $\sum_{m\geq 1} \pi(E_m) \leq \eta(C) + \varepsilon$ gilt. Es folgt

$$\eta(C) \leq \eta(C \cap E) + \eta(C \cap E^c) \leq \eta(C) + \varepsilon.$$

Der Grenzübergang $\varepsilon \to 0$ zeigt, dass E η-messbar ist.

Wir können nun den vorigen Satz benutzen. Da $\mathcal{E}$ ein Erzeuger von $\mathcal{A}$ ist, folgt erstens $\mathcal{A} \subset \mathcal{A}_\eta$ und zweitens, dass μ ein Maß ist. Nach Bedingung (ii) stimmt μ auf $\mathcal{E}$ mit π überein. Dies ist die Behauptung. □

Offenbar erhält man mit dem Fortsetzungssatz definitionsgemäß ein von außen reguläres Maß bzgl. $\mathcal{E}$. Der Satz hat wichtige Anwendungen.

Beispiel (Lokalendliche Maße auf $\mathbb{R}$)

Wir betrachten hier Maße auf $\mathbb{R}$, die auf beschränkten Teilmengen endlich sind. Solche Maße μ sind nach dem Eindeutigkeitssatz durch die Werte

$$\mu((a, \; b]), \quad -\infty < a \leq b < \infty$$

eindeutig bestimmt. Man kann immer eine „Stammfunktion" $F : \mathbb{R} \to \mathbb{R}$ angeben, so dass

$$\mu((a, \ b]) = F(b) - F(a)$$

gilt, z. B. $F(a) := \mu((0, a])$ bzw. $\mu((a, 0])$, je nachdem ob $a \geq 0$ oder $a < 0$. Auch ist F (wie Stammfunktionen in der Differenzialrechnung) durch μ bis auf eine Konstante eindeutig bestimmt. F ist offenbar monoton und, aufgrund der σ-Stetigkeit von μ, rechtsstetig.

Hier wollen wir zeigen, dass umgekehrt zu jeder monotonen, rechtsstetigen Funktion F ein Maß μ existiert, so dass der angegebene Zusammenhang besteht. Dazu betrachten wir auf dem Erzeuger

$$\mathcal{E} := \{(a, \ b] : -\infty < a \leq b < \infty\}$$

der Borel-σ-Algebra in $\mathbb{R}$ das Funktional $\pi : \mathcal{E} \to \mathbb{R}$, gegeben durch

$$\pi((a, \ b]) := F(b) - F(a).$$

Wir wollen zeigen, dass die Bedingungen des Fortsetzungssatzes erfüllt sind.

Offenbar gilt $\pi(\emptyset) = 0$, also ist (i) erfüllt. Weiter gibt es für $E' = (a', \ b']$ und $E \in \mathcal{E}$ immer Zahlen $a' \leq a \leq b \leq b'$, so dass

$$E' \cap E = (a, \ b], \quad E' \cap E^c = (a', \ a] \cup (b, \ b'].$$

Es folgt $\mu(E' \cap E) \leq \pi((a, \ b])$ und $\mu(E' \cap E^c) \leq \pi((a', \ a]) + \pi((b, \ b'])$, also

$$\mu(E' \cap E) + \mu(E' \cap E^c) \leq F(b') - F(a') = \pi(E').$$

Also ist (iii) erfüllt.

Sei schließlich $(a, \ b] \subset \bigcup_{m \geq 1}(a_m, \ b_m]$. Wie schon gesagt werden wir, um (ii') nachzuweisen, von der abzählbaren Überdeckung zu geeigneten endlichen Überdeckungen übergehen: Wegen der Rechtsstetigkeit von F gibt es zu vorgegebenem $\varepsilon > 0$ Zahlen $\varepsilon_m > 0$, so dass $F(b_m + \varepsilon_m) \leq F(b_m) + \varepsilon 2^{-m}$. Es folgt $[a + \varepsilon, \ b] \subset \bigcup_{m \geq 1}(a_m, \ b_m + \varepsilon_m)$. Hier liegt nun eine offene Überdeckung einer kompakten Menge vor, die also eine endliche Teilüberdeckung enthält. Es folgt $(a + \varepsilon, \ b] \subset \bigcup_{m=1}^{n} = (a_m, \ b_m + \varepsilon_m]$ für eine ausreichend große natürliche Zahl n und folglich

$$F(b) - F(a + \varepsilon) \leq \sum_{m=1}^{n}(F(b_m + \varepsilon_m) - F(a_m)) \leq \sum_{m=1}^{n}(F(b_m) - F(a_m)) + \varepsilon.$$

Mit $n \to \infty$ und dann $\varepsilon \to 0$ folgt

$$\pi((a, \ b]) \leq \sum_{m \geq 1} \pi((a_m, \ b_m]).$$

Also ist (ii') erfüllt.

Nach dem Fortsetzungssatz gibt es also, wie behauptet, ein Maß μ auf der Borel-σ-Algebra mit

$$\mu((a,\ b]) = F(b) - F(a).$$

Beispiel (Lebesguemaß)

Im Spezialfall $F(a) = a$ erhält man im letzten Beispiel das 1-dimensionale Lebesguemaß. Das d-dimensionale Lebesguemaß lässt sich ganz analog konstruieren, nun mit d-dimensionalen statt 1-dimensionalen Intervallen, oder aber auch als Produktmaß aus dem 1-dimensionalen Lebesguemaß.

11.3   Äußere Regularität*

Wir können nun auch den Satz über äußere Regularität aus Kap. 7 beweisen. Wir wiederholen noch einmal die Aussage (in abgeänderter Notation):

Sei $\mathcal{E}$ ein $\cap$-stabiler Erzeuger der σ-Algebra $\mathcal{A}$ auf S mit $\emptyset \in \mathcal{E}$. Sei ν ein Maß auf $\mathcal{A}$, für das $E_1, E_2, \ldots \in \mathcal{E}$ existieren mit $E_m \uparrow S$ und $\nu(E_m) < \infty$ für alle $m \geq 1$. Setze

$$\mu(A) := \inf\left\{\sum_{m \geq 1} \nu(E_m) : E_1, E_2, \ldots \in \mathcal{E}, A \subset \bigcup_{m \geq 1} E_m\right\}, \quad A \in \mathcal{A}.$$

Gilt dann

$$\mu(E' \backslash E) = \nu(E' \backslash E) \quad \text{für alle } E, E' \in \mathcal{E} \text{ mit } E \subset E',$$

so ist ν bzgl. $\mathcal{E}$ von außen regulär, d. h. $\nu(A) = \mu(A)$ für alle $A \in \mathcal{A}$.

Beweis Wir zeigen, dass die Voraussetzungen des Fortsetzungssatzes erfüllt sind, wobei wir $\pi := \nu|\mathcal{E}$ setzen. Hier ist Bedingung (ii') von vornherein erfüllt, da ν ein Maß ist. Also gilt (ii) und damit auch (i), da $\emptyset \in \mathcal{E}$.

Zu (iii): Seien $E, E' \in \mathcal{E}$. Da $\mathcal{E}$ $\cap$-stabil ist, gilt $\nu(E' \cap E) = \mu(E' \cap E)$. Nach Annahme gilt außerdem $\nu(E' \cap E^c) = \nu(E' \backslash E \cap E') = \mu(E' \backslash E \cap E') = \mu(E' \cap E^c)$. Aufgrund der Additivität von ν folgt

$$\mu(E' \cap E) + \mu(E' \cap E^c) = \nu(E') = \pi(E').$$

Damit ist (iii) verifiziert.

Nach dem Fortsetzungssatz ist also μ ein Maß, welches auf $\mathcal{E}$ mit ν übereinstimmt. Wir können nun den Eindeutigkeitssatz für Maße anwenden und erhalten $\mu = \nu$. $\square$

11.4   Der Darstellungssatz von Riesz*

Jedes Maß μ induziert ein Funktional $f \mapsto \ell(f) := \int f\, d\mu$ auf dem Raum der integrierbaren Funktionen. Es ist linear und positiv, d. h. es gilt

$$\ell(\alpha f + \beta g) = \alpha\ell(f) + \beta\ell(g) \text{ für alle } \alpha, \beta \in \mathbb{R}, \quad \ell(f) \geq 0 \text{ für alle } f \geq 0.$$

Ist $f \leq g$, so folgt dann auch $\ell(f) \leq \ell(g)$, da $\ell(g) - \ell(f) = \ell(g - f) \geq 0$.

Umgekehrt kann man fragen, welche positiven linearen Funktionale sich als Integrale darstellen lassen. Wir betrachten den einfachsten, gleichwohl wichtigsten Fall. Mit $C(S)$ bezeichnen wir den linearen Raum aller reellwertigen stetigen Funktionen auf einem metrischen Raum S.

Satz 11.3 (Darstellungssatz von Riesz) *Sei* S *ein kompakter metrischer Raum mit Borel-σ-Algebra $\mathcal{B}$ und sei ℓ : $C(S) \to \mathbb{R}$ ein positives lineares Funktional. Dann gibt es genau ein endliches Maß μ auf $(S, \mathcal{B})$ mit*

$$\ell(f) = \int f \, d\mu$$

für alle $f \in C(S)$.

Ein solches Maß erhalten wir mithilfe des Fortsetzungssatzes 11.2. Als Erzeuger $\mathcal{E}$ von $\mathcal{B}$ wählen wir das System $\mathcal{O}$ aller offenen Teilmengen von S. Wir definieren eine Mengenfunktion $\pi : \mathcal{O} \to \mathbb{R}_+$ durch

$$\pi(O) = \sup_{0 \leq f \leq 1_O} \ell(f).$$

Wegen $0 \leq 1_O \leq 1$ gilt $0 \leq \pi(O) \leq \ell(1)$. Es folgen unmittelbar $\pi(\emptyset) = 0$, $\pi(O) \leq \pi(O')$ falls $O \subset O'$, sowie $\ell(f) \leq \pi(O) \leq \ell(g)$ falls $f \leq 1_O \leq g$. (Wir bemerken, dass die Definition $\pi(O) = \ell(1_O)$ nicht möglich ist, da 1_O im Allgemeinen nicht stetig ist.)

Wir definieren

$$\mu(A) = \inf\left\{\sum_{m \geq 1} \pi(O_m) : O_1, O_2, \cdots \in \mathcal{O}, A \subset \bigcup_{m \geq 1} O_m\right\}, \quad A \in \mathcal{B}.$$

Der Fortsetzungssatz 11.2 für Maße besagt, dass μ ein Maß auf $\mathcal{B}$ definiert, wenn die Bedingungen

(i) $\pi(\emptyset) = 0$,

(ii) $\mu(O) = \pi(O)$ für alle $O \in \mathcal{O}$,

(iii) $\mu(O' \cap O) + \mu(O' \cap O^c) \leq \pi(O')$ für alle $O, O' \in \mathcal{O}$,

erfüllt sind, wobei

(ii') $\pi(O) \leq \sum_{m \geq 1} \pi(O_m)$ für alle $O, O_1, O_2, \ldots \in \mathcal{O}$ mit $O \subset \bigcup_{m \geq 1} O_m$,

zu (ii) äquivalent ist.

Als Vorüberlegung stellen wir einen Zusammenhang von monotoner und gleichmäßiger Konvergenz in C(S) her.

Lemma (Satz von Dini[1]) *Sei* $f_1, f_2, \ldots$ *eine Folge in* C(S) *mit* $f_n \uparrow f$ *und* $f \in$ C(S), *sowie* S *ein kompakter metrischer Raum. Dann konvergiert* f_n *gleichmäßig gegen* f.

Beweis Sei $\varepsilon > 0$. Zu $x \in S$ wählen wir n_x mit $|f(x) - f_{n_x}(x)| < \varepsilon$. Aufgrund der Stetigkeit gibt es eine offene Umgebung O_x von x mit $|f - f_{n_x}| < \varepsilon$ auf O_x. Wegen der Kompaktheit wird S von endlich vielen solcher O_x überdeckt, sagen wir zu Punkten x_j, $1 \leq j \leq m$. Es folgt $\|f - f_n\|_\infty < \varepsilon$ für $n \geq \max_j n_{x_j}$. $\square$

Wir kehren zurück zum Beweis der Eigenschaften (i) bis (iii) und betrachten zu $O \in \mathcal{O}$ die Funktionen

$$\varphi_{n,O}(x) = \min\left(1, \, nd(x, O^c)\right).$$

Sie sind stetig und erfüllen $0 \leq \varphi_{1,O} \leq \varphi_{2,O} \leq \cdots$, sowie

$$1_O = \sup_{n \geq 1} \varphi_{n,O}, \quad \pi(O) = \sup_{n \geq 1} \ell(\varphi_{n,O}).$$

Letzteres folgt aus dem Satz von Dini, da für $f \leq 1_O$ und $f_n = \min(f, \varphi_{n,O})$ gilt $f_n \uparrow f$, somit

$$\ell(f) = \sup_{n \geq 1} \ell(f_n) \leq \sup_{n \geq 1} \ell(\varphi_{n,O}) \leq \pi(O),$$

und damit die behauptete Gleichheit nach Übergang zum Supremum in f.

Lemma *Die Mengenfunktion* π *erfüllt* (ii') *und damit auch* (ii).

Beweis Seien $O, O_1, O_2, \ldots \in \mathcal{O}$ mit $O \subset \bigcup_{m \geq 1} O_m$ gegeben und sei $f \leq 1_O$. Wir setzen $g_n = \sum_{m=1}^n \varphi_{n,O_m}$ und $f_n = \min(f, g_n)$. Dann gilt

$$\ell(f_n) \leq \ell(g_n) = \sum_{m=1}^n \ell(\varphi_{n,O_m}) \leq \sum_{m=1}^n \pi(O_m).$$

---

[1]ULISSE DINI, 1845–1918, geb. in Pisa, tätig in Pisa. Er forschte über reelle Analysis.

Wegen $f \leq 1_O \leq \sup_{n \geq 1} g_n$ gilt $f_n \uparrow f$, also $\ell(f) = \sup_{n \geq 1} \ell(f_n) \leq \sum_{m \geq 1} \pi(O_m)$ nach dem Satz von Dini, und die Behauptung folgt nach Übergang zum Supremum in f.   □

Lemma *Die Mengenfunktion π erfüllt* (iii) *des Fortsetzungssatzes.*

Im Beweis benutzen wir für $O \in \mathcal{O}$ anstelle von $\varphi_{n,O}$ nun

$$\psi_{n,O}(x) := \min(1, (nd(x, O^c) - 1)^+).$$

$\psi_{n,O}$ hat dieselben Eigenschaften, die wir eben für $\varphi_{n,O}$ festgestellt haben. Zusätzlich gilt $d(x, O^c) > 1/n$, falls $\psi_{n,O}(x) > 0$.

Beweis Seien O, O' offene Mengen. Wir setzen $g := \psi_{n,O' \cap O}$ und

$$V := \{x \in O' : d(x, O^c) < 1/n\}.$$

Dann gilt $\{g > 0\} \cap V = \emptyset$.

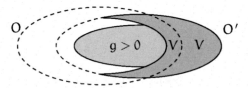

Nun sei $\varepsilon > 0$. Wir wählen n so groß, dass $\pi(O' \cap O) \leq \ell(g) + \varepsilon$. Da V offen ist, gibt es ein $h \leq 1_V$ mit $\pi(V) \leq \ell(h) + \varepsilon$. Es gilt $0 \leq g + h \leq 1_{O'}$, da $V \subset O'$ und $g(x) = 0$ für $x \in V$. Da weiterhin $O' \cap O^c \subset V$, folgt

$$\mu(O' \cap O) + \mu(O' \cap O^c) \leq \pi(O' \cap O) + \pi(V) \leq \ell(g + h) + 2\varepsilon$$
$$\leq \pi(O') + 2\varepsilon.$$

Grenzübergang $\varepsilon \to 0$ liefert die Behauptung.   □

Beweis des Satzes von Riesz Die vorangehenden Lemmata zeigen, dass die Voraussetzungen des Fortsetzungssatzes 11.2 erfüllt sind, also μ ein Maß ist auf $\mathcal{B}$, und dass $\mu(S) = \ell(1) < \infty$.
Zu zeigen bleibt, dass $\ell(f) = \int f \, d\mu$ für $f \in C(S)$. Sei $f \geq 0$ stetig. Setze für $n \geq 1, k \geq 0$

$$f_{kn} = \min\left(\frac{1}{n}, (f - \frac{k}{n})^+\right).$$

Die Funktionen f_{kn} sind stetig, und für alle n gilt $f = \sum_{k \geq 0} f_{kn}$ mit nur endlich vielen von 0 verschiedenen Summanden sowie

$$\frac{1}{n} 1_{\{f > (k+1)/n\}} \leq f_{kn} \leq \frac{1}{n} 1_{\{f > k/n\}}.$$

Nach Definition von π folgt

$$\frac{1}{n} \pi(\{f > (k+1)/n\}) \leq \ell(f_{kn}) \leq \frac{1}{n} \pi(\{f > k/n\}),$$

also

$$\ell(f) = \sum_{k \geq 0} \ell(f_{kn}) \leq \sum_{k \geq 0} \frac{1}{n} \mu(\{k/n < f\}) = \sum_{k \geq 0} \frac{k+1}{n} \mu(\{k/n < f \leq (k+1)/n\})$$

$$\leq \int f \, d\mu + \frac{1}{n} \mu(S).$$

Mit $n \to \infty$ folgt $\ell(f) \leq \int f \, d\mu$. Die umgekehrte Ungleichung ergibt sich analog, also gilt wie behauptet $\ell(f) = \int f \, d\mu$ für $f \geq 0$ und mit Zerlegung in Positiv- und Negativteil auch für beliebiges $f \in C(S)$. Die Eindeutigkeit von μ haben wir schon früher in Kap. 7 bewiesen. □

Wir bemerken, dass das im Darstellungssatz von Riesz konstruierte Maß μ nach Satz 7.6 regulär ist.

11.5 Maßfortsetzung auf unendlichen Produkträumen*

Das folgende Resultat, das auf Kolmogorov[2] zurückgeht, ist für die Wahrscheinlichkeitstheorie von Interesse. Dies ist die Fragestellung: Gegeben seien endliche Maße μ_d auf der Borel-σ-Algebra $\mathcal{B}^d$ des $\mathbb{R}^d$, $d \geq 1$. Unter welchen Bedingungen gibt es ein Maß μ auf dem Produktraum $(\mathbb{R}^\infty, \mathcal{B}^\infty)$, der die Maße μ_d fortsetzt in dem Sinne, dass

$$\mu(B \times \mathbb{R}^\infty) = \mu_d(B), \quad B \in \mathcal{B}^d$$

gilt? μ heißt dann der *projektive Limes* der μ_d. Offenbar müssen dazu die Maße μ_d im folgenden Sinne zueinander passen.

---

[2]ANDREJ N. KOLMOGOROV, 1903–1987, geb. in Tambov, tätig in Moskau. Er lieferte bedeutende Beiträge zu Wahrscheinlichkeitstheorie, Topologie, dynamische Systeme, Mechanik und Turbulenz bei Strömungen.

Definition

Eine Folge μ_d, $d \geq 1$, von endlichen Maßen auf dem $\mathbb{R}^d$ heißt *konsistent,* falls

$$\mu_{d+1}(B \times \mathbb{R}) = \mu_d(B)$$

für alle $d \geq 1$ und alle Borelmengen $B \in \mathcal{B}^d$ gilt.

Beispiel (Produktmaße)

Gilt $\mu_{d+1} = \mu_d \otimes \nu_{d+1}$ mit W-Maßen $\nu_2, \nu_3, \ldots$, so sind $\mu_1, \mu_2, \ldots$ konsistente Maße.

Satz 11.4 (Satz von Kolmogorov) *Jede konsistente Folge* $\mu_1, \mu_2, \ldots$ *von endlichen Maßen besitzt einen eindeutigen projektiven Limes* μ.

Beweis Mit $\mathcal{E}$ bezeichnen wir das System aller Mengen $O \times \mathbb{R}^\infty \subset \mathbb{R}^\infty$, wobei O offene Teilmenge eines $\mathbb{R}^d$ mit $d = 1, 2, \ldots$ sei. $\pi : \mathcal{E} \to \mathbb{R}_+$ definieren wir als

$$\pi(O \times \mathbb{R}^\infty) := \mu_d(O).$$

Dabei ist zu beachten, dass jedes $E \in \mathcal{E}$ verschiedene Darstellungen erlaubt, nämlich mit $E = O \times \mathbb{R}^\infty$ auch $E = O' \times \mathbb{R}^\infty$ mit $O' = O \times \mathbb{R}^e$, $e \geq 1$. Gleichwohl ist π wegen der Konsistenzbedingung wohldefiniert.

$\mathcal{E}$ ist ein Erzeuger der Produkt-σ-Algebra $\mathcal{B}^\infty$ auf $\mathbb{R}^\infty$. Wir definieren μ wie im Fortsetzungssatz für Maße und müssen also dessen Bedingungen verifizieren.

Zu Bedingung (iii): Für $E, E' \in \mathcal{E}$ gibt es ein (gemeinsames!) $d \geq 1$ und $O, O' \in \mathcal{B}^d$, so dass $E = O \times \mathbb{R}^\infty$, $E' = O' \times \mathbb{R}^\infty$. Außerdem betrachten wir die Folge von offenen Mengen $O_n := \{x \in \mathbb{R}^d : |x - y| < 1/n \text{ für ein } y \in O^c\}$, die offenen $1/n$-Umgebungen der abgeschlossenen Menge O^c. Mit $E_n = O_n \times \mathbb{R}^\infty$ folgt für alle $n \geq 1$

$$\mu(E' \cap E) + \mu(E' \cap E^c) \leq \pi(E' \cap E) + \pi(E' \cap E_n) = \mu_d(O' \cap O) + \mu_d(O' \cap O_n),$$

und der Grenzübergang $n \to \infty$ ergibt mittels σ-Stetigkeit

$$\mu(E' \cap E) + \mu(E' \cap E^c) \leq \mu_d(O' \cap O) + \mu_d(O' \cap O^c) = \mu_d(O') = \pi(E').$$

Dies ist (iii). Bedingung (i) folgt aus (ii), weil hier $\emptyset \in \mathcal{E}$ gilt.

Es bleibt der Nachweis von (ii'): Sei $E = O \times \mathbb{R}^\infty$, mit offenem $O \subset \mathbb{R}^d$. Wie auch schon früher werden wir von einer abzählbaren Überdeckung von E zu geeigneten endlichen Überdeckungen übergehen. Dazu wählen wir $\varepsilon > 0$ und nach Satz 7.6 zu jedem $n \geq 1$ eine kompakte Menge $K_n \subset O \times \mathbb{R}^n$, so dass $\pi(E) = \mu_{d+n}(O \times \mathbb{R}^n) < \mu_{d+n}(K_n) + \varepsilon$.

Sei also $E \subset \bigcup_{m \geq 1} E_m$ mit $E_m \in \mathcal{E}$ und $E_m = O_m \times \mathbb{R}^\infty$. Wir wollen zeigen, dass es ein $n \geq 1$ gibt mit

$$K_n \times \mathbb{R}^\infty \subset \bigcup_{m=1}^{n} E_m.$$

Andernfalls gäbe es $x_1, x_2, \ldots$ in $\mathbb{R}^\infty$ mit $x_n \in K_n \times \mathbb{R}^\infty$ und $x_n \notin \bigcup_{m=1}^{n} E_m$ für alle $n \geq 1$. Dann kann man zu einer komponentenweise konvergenten Teilfolge übergehen, nach folgendem Schema: Da K_1 kompakt ist, gibt es eine Teilfolge $x_{i,1} \in \mathbb{R}^\infty$, $i \geq 1$, deren erste $d + 1$ Komponenten konvergieren. Da K_2 kompakt ist, findet sich eine Teilteilfolge $x_{i,2}$, $i \geq 1$, für die auch die $(d + 2)$-te Komponente konvergiert. So geht es weiter: In der k-ten Teilteilfolge $x_{i,k}$, $i \geq 1$, konvergieren die ersten $(d + k)$ Komponenten. Nach dem Cantorschen Vorbild gehen wir abschließend über zur Diagonalfolge $x_{i,i} \in \mathbb{R}^\infty$, $i \geq 1$, die jede Teilteilfolge schließlich durchläuft und für die folglich alle Komponenten konvergieren, mit Limes $y = (y_1, y_2, \ldots)$. Es folgt $y \in K_1 \times \mathbb{R}^\infty \subset E \subset \bigcup_{m \geq 1} E_m$ und damit $y \in E_j$ für ein $j \geq 1$. Da O_j offen ist, folgt auch $x_{i,i} \in E_j$, falls i ausreichend groß ist. Da es sich schließlich um eine Teilfolge der Ursprungsfolge x_n, $n \geq 1$, handelt, gibt es also ein $n \geq j$, so dass $x_n \in \bigcup_{m=1}^{n} E_m$. Dies ist ein Widerspruch.

Es gibt also ein $n \geq 1$, so das obige Inklusion gilt. Anders ausgedrückt gibt es ein $k \geq n + d$ und offene Mengen $O_m \in \mathbb{R}^k$, $m \leq n$, mit den Eigenschaften $E_m = O_m \times \mathbb{R}^\infty$ und $K_n \times \mathbb{R}^{k-n-d} \subset \bigcup_{m=1}^{n} O_m$. Aufgrund der Subadditivität von μ_k folgt

$$\pi(E) - \varepsilon \leq \mu_{d+n}(K_n) = \mu_k(K_n \times \mathbb{R}^{k-n-d}) \leq \sum_{m=1}^{n} \mu_k(O_m),$$

also $\pi(E) \leq \sum_{m=1}^{n} \pi(E_m) + \varepsilon$. Durch Grenzübergang $n \to \infty$ und dann $\varepsilon \to 0$ erhalten wir (ii').

Der Fortsetzungssatz gibt uns also ein Maß μ mit $\mu(O \times \mathbb{R}^\infty) = \mu_d(O)$ für alle offenen $O \subset \mathbb{R}^d$. Mit dem Eindeutigkeitssatz folgt $\mu(B \times \mathbb{R}^\infty) = \mu_d(B)$ für Borelmengen $B \subset \mathbb{R}^d$. Also ist μ der projektive Limes der μ_d, $d \geq 1$. Schließlich ist $\mathcal{E}$ ein $\cap$-stabiler Erzeuger von $\mathcal{B}^\infty$, deswegen ist der projektive Limes eindeutig bestimmt. $\square$

Das Kompaktheitsargument im Beweis kann man auch mit dem Satz von Tychonov führen, nach dem unendliche kartesische Produkte von kompakten Mengen wieder kompakt sind. So ließe sich der Beweis verkürzen.

Der Satz kann in mehrfacher Hinsicht verallgemeinert werden. Der Raum $\mathbb{R}$ lässt sich ersetzen durch solche Räume, in denen sich offene Mengen von innen durch kompakte Mengen approximieren lassen, zumindest dem Maß nach. Dies funktioniert in allen vollständigen, separablen metrischen Räumen (Satz von Ulam). Auch kann man das Resultat ohne größeren Aufwand auf überabzählbare Produkträume übertragen.

11.6 Hausdorffmaße*

Das Lebesguemaß ist nicht das einzige translationsinvariante Maß auf den Borelmengen des $\mathbb{R}^d$. Zum Abschluss des Kapitels wollen wir auf eine ganze Schar translationsinvarianter Maße eingehen. Nur wenn der Einheitswürfel dabei endliches Maß erhält, hat man es (bis auf Normierung) mit dem Lebesguemaß zu tun.

Eine Grundidee ist, eine Teilmenge A des $\mathbb{R}^d$ mit Kugeln und anderen Mengen beschränkten Durchmessers zu überdecken

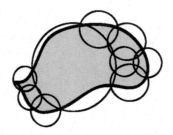

und aus deren Anzahl und Durchmesser eine Maßzahl für A zu gewinnen. Es gibt da verschiedene Möglichkeiten, so dass man auch „dünnen" Mengen mit Lebesguemaß 0 ein positives Maß geben kann. Dabei erscheint es natürlich, A nur mit Mengen mit sehr kleinem Durchmesser zu überdecken – wir werden sehen, dass dafür auch gute mathematische Gründe sprechen. Unser Weg führt über äußere Maße η_s, die von einem vorgegebenem Parameter $s > 0$ abhängen.

Den *Durchmesser* von $A \subset \mathbb{R}^d$ definieren wir als

$$d(A) := \sup\{|x - y| : x, y \in A\}.$$

In einem ersten Schritt geben wir uns (neben s) ein $\delta > 0$ vor und setzen

$$\eta_{s,\delta}(A) := \inf\left\{ \sum_{m \geq 1} d(A_m)^s : A \subset \bigcup_{m \geq 1} A_m, d(A_m) \leq \delta \right\}, \quad A \subset \mathbb{R}^d.$$

Wir benutzen also zum Überdecken beliebige Mengen mit einem Durchmesser von höchstens δ.

Bei $\eta_{s,\delta}$ handelt es sich um ein äußeres Maß, der Beweis wird wie oben beim Fortsetzungssatz geführt. Jedoch weiß man im Allgemeinen nicht, welches die zugehörigen messbaren Mengen sind. Deswegen gehen wir in einem zweiten Schritt über zu

$$\eta_s(A) := \sup_{\delta > 0} \eta_{s,\delta}(A), \quad A \subset \mathbb{R}^d.$$

Dies bedeutet, dass wir nur noch kleine δ betrachten, denn $\eta_{s,\delta}(A)$ ist mit fallendem δ monoton wachsend. Offenbar ist η_s translationsinvariant.

Bei η_s handelt es sich ebenfalls um ein äußeres Maß: Mit $\eta_{s,\delta}(\emptyset) = 0$ für alle $\delta > 0$ gilt auch $\eta_s(\emptyset) = 0$, und aus $\eta_{s,\delta}\left(\bigcup_{n\geq 1} A_n\right) \leq \sum_{n\geq 1} \eta_{s,\delta}(A_n) \leq \sum_{n\geq 1} \eta_s(A_n)$ für alle $\delta > 0$ folgt $\eta_s\left(\bigcup_{n\geq 1} A_n\right) \leq \sum_{n\geq 1} \eta_s(A_n)$.

Bei η_s kommt nun eine zusätzliche Eigenschaft ins Spiel: Bezeichne

$$a(A', A'') := \inf\{|x - y| : x \in A', y \in A''\},$$

den *Abstand* zweier Teilmengen A', A'' des $\mathbb{R}^d$ (mit der Konvention $\inf \emptyset = \infty$, d.h. der Abstand zur leeren Menge ist ∞). Dann nennt man mit Carathéodory ein äußeres Maß η auf dem $\mathbb{R}^d$ *metrisch,* falls es die Bedingung

$$a(A', A'') > 0 \quad \Rightarrow \quad \eta(A' \cup A'') = \eta(A') + \eta(A'')$$

erfüllt.

Die äußeren Maße η_s sind metrisch. Das lässt sich folgendermaßen einsehen: Sei $A' \cup A'' \subset \bigcup_{m\geq 1} A_m$ mit $d(A_m) \leq \delta$. Gilt nun $\delta < a(A, A')/2$, so hat jedes A_m mit höchstens einer der Mengen A', A'' einen nichtleeren Durchschnitt. Daher lässt sich die Folge A_m in zwei Teilfolgen A'_m, A''_m, $m \geq 1$, aufteilen, so dass $A' \subset \bigcup_{m\geq 1} A'_m$ und $A'' \subset \bigcup_{m\geq 1} A''_m$. Es folgt $\sum_{m\geq 1} d(A_m)^s \geq \eta_{s,\delta}(A') + \eta_{s,\delta}(A'')$, also auch $\eta_{s,\delta}(A' \cup A'') \geq \eta_{s,\delta}(A') + \eta_{s,\delta}(A'')$ und mit $\delta \to 0$ schließlich $\eta_s(A' \cup A'') \geq \eta_s(A') + \eta_s(A'')$. Die umgekehrte Ungleichung gilt ebenso, weil η_s ein äußeres Maß ist.

Die Bedeutung metrischer äußerer Maße ergibt sich aus der folgenden Charakterisierung.

Satz 11.5 *Ein äußeres Maß η auf dem $\mathbb{R}^d$ ist genau dann metrisch, wenn alle Borelmengen η-messbar sind.*

Beweis Seien zunächst alle Borelmengen η-messbar. Gilt $a(A', A'') > 0$ für zwei Mengen A', A'', so ist $O := \{y \in \mathbb{R}^d : |y - x| < a(A', A'')$ für ein $x \in A'\}$ eine offene Menge. Aus deren η-Messbarkeit folgt

$$\eta(A' \cup A'') = \eta((A' \cup A'') \cap O) + \eta((A' \cup A'') \cap O^c).$$

Außerdem gilt $A' \subset O$, $A'' \subset O^c$, und wir erhalten $\eta(A' \cup A'') = \eta(A') + \eta(A'')$. Also ist η ein metrisches äußeres Maß.

Sei umgekehrt η metrisch. Wir zeigen im Folgenden, dass dann jede abgeschlossene Menge $A \subset \mathbb{R}^d$ η-messbar ist, dass also $\eta(C) \geq \eta(C \cap A) + \eta(C \cap A^c)$ für alle $C \subset \mathbb{R}^d$ gilt. Ohne Einschränkung können wir dazu $\eta(C) < \infty$ annehmen. Zum Beweis konstruieren wir Mengen $D_1 \subset D_2 \subset \cdots \subset C \cap A^c$ mit $a(C \cap A, D_n) > 0$ und $\eta(D_n) \to \eta(C \cap A^c)$. Da η metrisch ist und $(C \cap A) \cup D_n \subset C$ gilt, folgt dann nämlich

$$\eta(C \cap A) + \eta(D_n) = \eta((C \cap A) \cup D_n) \leq \eta(C),$$

und der Grenzübergang $n \to \infty$ gibt die Behauptung.

Zur Durchführung dieses Gedankenganges wählen wir eine Nullfolge von reellen Zahlen $\varepsilon_1 > \varepsilon_2 > \cdots > 0$ und setzen

$$D_n := \{x \in C \cap A^c : |x - y| \geq \varepsilon_n \text{ für alle } y \in A\}.$$

Wie gewünscht gilt dann einerseits $a(C \cap A,\ D_n) \geq \varepsilon_n > 0$.

Zum Nachweis der anderen Eigenschaft der D_n betrachten wir auch die Mengen $E_n := D_{n+1} \backslash D_n$, $n \geq 1$. Für $m \geq 1$ gilt $a(E_{n+m},\ E_{n-1}) \geq \varepsilon_n - \varepsilon_{n+1} > 0$. Da η metrisch ist, folgt

$$\sum_{k=1}^{n} \eta(E_{2k}) = \eta\left(\bigcup_{k=1}^{n} E_{2k}\right) \leq \eta(C)$$

und analog $\sum_{k=1}^{n} \eta(E_{2k-1}) \leq \eta(C)$, und wir erhalten $\sum_{k \geq 1} \eta(E_k) < \infty$, denn nach Annahme gilt $\eta(C) < \infty$.

Da nun A als abgeschlossen angenommen ist, gilt $C \cap A^c = D_n \cup \bigcup_{m \geq n} E_m$ und folglich aufgrund von σ-Subadditivität

$$\eta(D_n) \leq \eta(C \cap A^c) \leq \eta(D_n) + \sum_{m \geq n} \eta(E_m).$$

Für $n \to \infty$ konvergiert der Ausdruck rechts gegen 0, und wir erhalten $\eta(D_n) \to \eta(C \cap A^c)$. Damit haben die Mengen $D_1, D_2, \ldots$ die gewünschten Eigenschaften, und alle abgeschlossenen Mengen sind daher η-messbar. Dies gilt dann auch für alle Borelmengen, denn die abgeschlossenen Mengen erzeugen die Borel-σ-Algebra. $\square$

Die metrischen äußeren Maße η_s bzw. die durch Einschränkung auf die Borel-σ-Algebra entstehenden Maße heißen *Hausdorffmaße*. Für geometrische Untersuchungen werden sie eher als Schar benutzt, der Wert des Parameters s wird für jede Menge $A \subset \mathbb{R}^d$ passend eingestellt.

Lemma *Für jedes* $A \subset \mathbb{R}^d$ *gibt es eine Zahl* $0 \leq h_A \leq d$, *so dass*

$$\eta_s(A) = \begin{cases} \infty, & \textit{falls } s < h_A, \\ 0, & \textit{falls } s > h_A. \end{cases}$$

Beweis Nach Definition von $\eta_{s,\delta}$ gilt für alle $\varepsilon > 0$

$$\eta_{s+\varepsilon,\delta}(A) \le \delta^{\varepsilon}\eta_{s,\delta}(A).$$

Gilt also $\eta_s(A) < \infty$, so ergibt der Grenzübergang $\delta \to 0$, dass $\eta_{s+\varepsilon}(A) = 0$. Dies ergibt die Existenz der Zahl $h_A \in [0, \infty]$.

Es bleibt $h_A \le d$ zu zeigen. Nun lässt sich der Einheitswürfel $[0, 1)^d$ in offensichtlicher Weise in n^d Teilwürfel der Kantenlänge $1/n$ und des Durchmessers $\sqrt{d}/n$ zerlegen. Also gilt

$$\eta_{d,\sqrt{d}/n}([0, 1)^d) \le n^d(\sqrt{d}/n)^d = d^{d/2},$$

und mit $n \to \infty$ ergibt sich $\eta_d([0, 1)^d) < \infty$. Für alle $\varepsilon > 0$ folgt $\eta_{d+\varepsilon}([0, 1)^d) = 0$ und mittels σ-Additivität $\eta_{d+\varepsilon}(\mathbb{R}^d) = 0$. Dies zeigt $h_A \le d$ für alle $A \subset \mathbb{R}^d$. $\square$

Die Zahl h_A heißt die *Hausdorffdimension* von A. In der geometrischen Maßtheorie werden Hausdorffdimensionen und -maße genauer studiert. Dabei ergibt sich, dass in allen Fällen, in denen man A in intuitiver Weise eine Dimension zuordnen kann, diese mit der Hausdorffdimension übereinstimmt. Außerdem stimmt im d-dimensionalen Fall das Hausdorffmaß für $s = d$ mit dem Lebesguemaß überein, bis auf eine nicht ganz einfach zu bestimmende positive Normierungskonstante. Wir gehen darauf nicht weiter ein und beschließen den Abschnitt mit einem Beispiel.

Beispiel (Cantormenge)

Die Hausdorffdimension der Cantormenge C lässt sich heuristisch leicht aus einer Skalierungsüberlegung finden. Für eine Menge $A \subset \mathbb{R}$ und $c > 0$ sei $cA := \{cx : x \in A\}$. Dann gilt (vgl. Aufgabe 11.2)

$$\eta_s(cA) = c^s\eta(A).$$

Offenbar gilt $C = C' \cup C''$, mit disjunkten Mengen C' und C'', die aus C durch Skalierung mit dem Faktor $c = 1/3$ und Translation hervorgehen. Es folgt

$$\eta_s(C) = \eta_s(C') + \eta_s(C'') = 2 \cdot 3^{-s}\eta_s(C).$$

Nehmen wir nun an, dass $0 < \eta_h(C) < \infty$ für die Hausdorffdimension $h = h_C$ von C gilt, so folgt $1 = 2 \cdot 3^{-h}$ oder

$$h = \frac{\log 2}{\log 3} = 0{,}631.$$

Wir wollen nun zeigen, dass für diese Zahl h tatsächlich $1/2 \le \eta_h(C) \le 1$ gilt. Zum Einen ist C enthalten in C_n, der disjunkten Vereinigung von 2^n Intervallen der Länge 3^{-n}. Also folgt

$$\eta_{h,3^{-n}}(C) \le 2^n(3^{-n})^h = 1$$

und $\eta_h(C) \le 1$.

Für die andere Abschätzung benutzen wir die Bijektion $\varphi : [0, 1) \to C$, die wir in Kap. 9 im Abschnitt über die Cantormenge eingeführt haben. Für alle $y, y' \in [0, 1)$ gilt

$$2|\varphi(y) - \varphi(y')|^h \geq |y - y'|.$$

Ist nämlich n die Stelle in den Darstellungen $y = \sum_{k \geq 1} y_k 2^{-k}$ und $y' = \sum_{k \geq 1} y_k' 2^{-k}$, an der erstmalig $y_n \neq y_n'$ gilt, so folgt

$$|y - y'| \leq \sum_{k \geq n} 2^{-k} = 2^{-n+1}, \quad |\varphi(y) - \varphi(y')| \geq 2\Big(3^{-n} - \sum_{k > n} 3^{-k}\Big) = 3^{-n},$$

und die Behauptung ergibt sich aus $(3^{-n})^h = 2^{-n}$. Für ein Intervall $A \subset \mathbb{R}$ ergibt dies

$$2d(A)^h \geq d(\varphi^{-1}(A)) = \lambda(\varphi^{-1}(A)).$$

Gilt nun $C \subset \bigcup_{m \geq 1} A_m$ für Intervalle $A_1, A_2, \ldots$, so folgt aufgrund der σ-Stetigkeit des Lebesguemaßes und $[0, 1) \subset \bigcup_{m \geq 1} \varphi^{-1}(A_m)$

$$2 \sum_{m \geq 1} d(A_m)^h \geq \sum_{m \geq 1} \lambda(\varphi^{-1}(A_m)) \geq 1.$$

Da es im eindimensionalen Fall offenbar ausreicht, sich auf Überdeckungen durch Intervalle zu beschränken, erhalten wir $\eta_h(C) \geq 1/2$. Eine genauere Analyse zeigt übrigens $\eta_h(C) = 1$.

Übungsaufgaben

Aufgabe 11.1 Sei ν das im Beweis des Fortsetzungssatzes erhaltene Maß, das durch Einschränkung des äußeren Maßes η auf die σ-Algebra $\mathcal{A}_\eta$ entsteht. Zeigen Sie, dass ν die Vervollständigung von μ ist, falls ν σ-endlich ist.
Hinweis: Zeigen Sie als Erstes: Zu jedem $A \subset S$ gibt es ein $A' \in \mathcal{A}$, $A' \supset A$ so dass $\mu(A') = \eta(A)$. A' kann von der Gestalt $A' = \bigcap_{n \geq 1} \bigcup_{m \geq 1} E_{mn}$ mit $E_{mn} \in \mathcal{E}$ gewählt werden.

Aufgabe 11.2 Zeigen Sie für das Hausdorffmaß

$$\eta_s(cA) = c^s \eta_s(A).$$

Folgern Sie, dass im d-dimensionalen Fall sich η_s für $s \neq d$ vom Lebesguemaß unterscheidet und auch nicht durch Skalierung zur Übereinstimmung gebracht werden kann.

Hilberträume

12

Wir kommen zurück auf den Raum $L_2(S; \mu)$ quadratintegrabler Funktionen, dessen grundlegende Eigenschaften wir in Kap. 6 behandelt haben. Daraus ergeben sich geometrische Sachverhalte, die wir nun kennenlernen wollen. Dies sind die Eigenschaften eines Hilbertraumes[1], für den der Raum $L_2(S; \mu)$ ein Prototyp ist.

Ein Hilbertraum ist ein Vektorraum, in dem nicht nur jedem Vektor eine Länge zugeordnet ist, sondern auch zwei Vektoren – vermittels eines Skalarprodukts – einen Winkel einschließen und es sich insbesondere sagen lässt, ob sie senkrecht aufeinander stehen. Seine zusätzlichen geometrischen Eigenschaften ermöglichen es, in konvexen abgeschlossenen Mengen Punkte minimalen Abstands zu einem vorgegebenen Punkt außerhalb der Menge zu finden. Hieraus ergeben sich vielfach verwendete orthogonale Zerlegungen, von denen die Fourierreihe die wohl bedeutendste ist.

Wir erinnern an die Definition des Skalarprodukts in einem Vektorraum über einem reellen oder komplexen Skalarenkörper. Ist $\alpha \in \mathbb{C}$, so bezeichnet $\overline{\alpha}$ die zu α konjugiert komplexe Zahl, es ist bekanntermaßen $\alpha\overline{\alpha} = |\alpha|^2$.

Definition

Ein *Skalarprodukt* ist eine Abbildung, welche je zwei Elementen x, y eines Vektorraums X eine Zahl (x, y) zuordnet mit den Eigenschaften

  (i) Positive Definitheit: $(x, x) > 0$ für $x \neq 0$,
  (ii) $(y, x) = \overline{(x, y)}$ für alle Vektoren $x, y \in X$,
  (iii) $(\alpha x + \beta y, z) = \alpha(x, z) + \beta(y, z)$ für alle $x, y, z \in X$ und alle Skalare α, β.

---

[1]DAVID HILBERT, 1862–1943, geb. in Königsberg, tätig in Königsberg und Göttingen. Die von ihm 1900 in Paris vorgetragenen und nach ihm benannten 23 Probleme beeinflussten die Entwicklung der Mathematik tiefgreifend. Mit ihm und seinem alle mathematischen Bereiche erfassenden Wirken wurde Göttingen zum Weltzentrum der Mathematik.

© Springer Basel AG 2019
M. Brokate und G. Kersting, *Maß und Integral,* Mathematik Kompakt,
https://doi.org/10.1007/978-3-0348-0988-7_12

Aus (ii) und (iii) folgt unmittelbar $(x, 0) = (0, x) = 0$ und

$$(x, \alpha y + \beta z) = \overline{\alpha}(x, y) + \overline{\beta}(x, z)$$

für Vektoren x, y, z und Skalare α, β. Im reellen Fall ist ein Skalarprodukt also nichts anderes als eine symmetrische, positiv definite Bilinearform.

Beispiel

1. Sind $(x^1, x^2, \ldots)$ und $(y^1, y^2, \ldots)$ zwei Folgen von Skalaren der Länge d, so wird durch

$$(x, y) = \sum_{n=1}^{d} x^n \overline{y^n}$$

   ein Skalarprodukt definiert auf dem Raum $\mathbb{R}^d$ bzw. $\mathbb{C}^d$, falls d endlich ist; im Fall $d = \infty$ erhalten wir den Raum

$$\ell^2 := \{(x^1, x^2, \ldots) : \sum_n |x^n|^2 < \infty\}$$

   aller quadratsummierbaren reellen bzw. komplexen Folgen.

2. Durch

$$(f, g) = \int f\overline{g} \, d\mu$$

   wird im Raum $L_2(S; \mu)$ der quadratintegrierbaren Funktionen auf einem Maßraum $(S, \mathcal{A}, \mu)$ ein Skalarprodukt definiert. Das Integral einer komplexwertigen Funktion $h = h_1 + ih_2$ mit $h_1, h_2 \in L_1(S; \mu)$ ist dabei definiert als

$$\int h \, d\mu = \int h_1 \, d\mu + i \int h_2 \, d\mu.$$

Wir setzen

$$\|x\| := \sqrt{(x, x)}.$$

Aus Analysis und Linearer Algebra ist der folgende Sachverhalt bekannt.

Satz 12.1 *In einem Vektorraum X mit Skalarprodukt $(\cdot, \cdot)$ ist $\|\cdot\|$ eine Norm, und es gilt die Cauchy-Schwarz-Ungleichung*

$$|(x, y)| \leq \|x\| \|y\| \quad \text{für alle } x, y \in X.$$

Insbesondere ist durch $d(x, y) := \|x - y\|$ auf X eine Metrik d gegeben. Bzgl. dieser Metrik können wir also von Konvergenz $x_n \to x$ von Folgen $x_n \in X$ gegen einen Grenzwert $x \in X$ sprechen, von abgeschlossenen Teilmengen von X und so weiter. Aufgrund von $(x_n, y_n) - (x, y) = (x_n - x, y_n - y) + (x_n - x, y) + (x, y_n - y)$ und folglich der Abschätzung $|(x_n, y_n) - (x, y)| \leq \|x_n - x\| \|y_n - y\| + \|x_n - x\| \|y\| + \|x\| \|y_n - y\|$ gilt

$$(x_n, y_n) \to (x, y), \quad \text{falls } x_n \to x, y_n \to y.$$

Das Skalarprodukt ist also stetig, und damit auch die Norm. Im nächsten Kapitel rekapitulieren wir noch einmal genauer den Begriff der Norm und seine Implikationen.

In einem Vektorraum X mit Skalarprodukt gilt die *Parallelogramm-Gleichung*

$$\|x + y\|^2 + \|x - y\|^2 = 2(\|x\|^2 + \|y\|^2),$$

wie man unmittelbar aus der Formel $\|x \pm y\|^2 = \|x\|^2 + \|y\|^2 \pm [(x, y) + (y, x)]$ erkennt. Ebenso folgt direkt aus den Definitionen, dass im reellen Fall das Skalarprodukt die Gleichung

$$(x, y) = \frac{1}{4}(\|x + y\|^2) - \|x - y\|^2) \tag{12.1}$$

für alle $x, y \in X$ erfüllt. Ist umgekehrt $\| \cdot \|$ eine Norm auf X, welche für alle $x, y \in X$ die Parallelogramm-Gleichung erfüllt, so kann man mit einiger Rechnung zeigen, dass im reellen Fall durch (12.1) tatsächlich ein Skalarprodukt definiert wird. Im komplexen Fall gilt eine andere Formel (Aufgabe 12.1). Diesen Übergang vom Quadrat der Norm zum Skalarprodukt nennt man *Polarisierung*.

Zwei Vektoren x, y in einem Hilbertraum X heißen *orthogonal,* falls $(x, y) = 0$ gilt. Aus $(x + y, x + y) = (x, x) + (x, y) + (y, x) + (y, y)$ erhalten wir für orthogonale Vektoren $x, y \in X$ den „Satz des Pythagoras"

$$\|x + y\|^2 = \|x\|^2 + \|y\|^2.$$

Ist $M \subset X$, so heißt

$$M^\perp = \{x : (x, y) = 0 \text{ für alle } y \in M\}$$

das *orthogonale Komplement* von M. Es gilt offenbar $N^\perp \supset M^\perp$ falls $N \subset M$, sowie auch $\overline{M}^\perp = M^\perp$, da $(x_n, y) = 0$ für alle n und $x_n \to x$ implizieren, dass $(x, y) = 0$. Ebenso sieht man, dass $M^\perp$ ein abgeschlossener Unterraum von X ist.

Definition

Ein Vektorraum X mit Skalarprodukt heißt *Hilbertraum,* falls er vollständig ist bzgl. der zugehörigen Norm $\| \cdot \|$, falls also jede Cauchyfolge bzgl. der Metrik $d(x, y) := \|x - y\|$ konvergiert.

12.1   Der Projektionssatz

Ist K eine abgeschlossene konvexe Teilmenge der Ebene, so können wir zu jedem Punkt x
der Ebene genau einen Punkt y in K mit minimalem Abstand zu x finden, wie die Abbildung
dies darstellt.

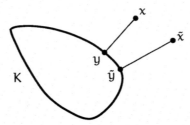

Dieser Sachverhalt gilt allgemein im Hilbertraum.

Satz 12.2 (Projektionssatz I) *Ist* K *eine abgeschlossene, konvexe und nichtleere Teilmenge eines Hilbertraums* X, *so gibt es zu jedem* $x \in X$ *genau ein* $y \in K$ *mit*

$$\|x - y\| = \min_{z \in K} \|x - z\|.$$

Der Punkt y heißt die *Projektion* von x auf K, geschrieben $y = P_K x$. Für $x \in K$ gilt y = x.

Beweis Zum Beweis der Existenz wählen wir zu gegebenem $x \in X$ eine *Minimalfolge* $\{y_n\}$
in K mit $\lim_n \|x - y_n\| = \inf_{z \in K} \|x - z\| =: d$. Aus der Parallelogramm-Gleichung folgt

$$2(\|x - y_n\|^2 + \|x - y_m\|^2) = \|2x - (y_n + y_m)\|^2 + \|y_n - y_m\|^2.$$

Da $(y_n + y_m)/2 \in K$ wegen Konvexität, folgt $\|x - (y_n + y_m)/2\| \geq d$ und infolgedessen
$\|y_n - y_m\|^2 \leq 2(\|x - y_n\|^2 + \|x - y_m\|^2) - 4d^2 \to 0$ für n, m $\to \infty$. y_n ist also eine
Cauchyfolge. Da X vollständig ist, existiert $y = \lim_n y_n$. Da K abgeschlossen ist, gilt $y \in K$,
und die Stetigkeit der Norm impliziert $\|x - y\| = \lim_n \|x - y_n\| = d$.
   Zum Beweis der Eindeutigkeit betrachten wir $\tilde{y} \in K$ mit $\|x - \tilde{y}\| = d$. Aus der
Parallelogramm-Gleichung folgt wie oben

$$\|y - \tilde{y}\|^2 = 2(\|x - y\|^2 + \|x - \tilde{y}\|^2) - \|2x - y - \tilde{y}\|^2 = 4d^2 - 4\|x - (y + \tilde{y})/2\|^2 \leq 0,$$

da $(y + \tilde{y})/2 \in K$. Dies ergibt $y = \tilde{y}$.   □

Wie das nächste Bild erkennen lässt, beträgt der Winkel zwischen den Differenzvektoren $x - y$ und $z - y$ für $z \in K$ mindestens 90 Grad.

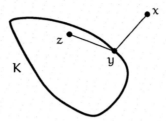

Die Projektion lässt sich dadurch charakterisieren.

Satz 12.3 (Projektionssatz II) *Ist* K *eine abgeschlossene, konvexe und nichtleere Teilmenge eines reellen Hilbertraums* X*, so gibt es zu jedem* $x \in X$ *genau eine Lösung* $y \in K$ *der Ungleichungen*

$$(x - y, \ z - y) \leq 0 \quad \textit{für alle } z \in K, \tag{12.2}$$

und es gilt $y = P_K x$.

Das System (12.2) von Ungleichungen bezeichnet man als *Variationsungleichung*. Man kann es interpretieren als die variationelle Form einer Ungleichung für den Vektor $x - y$.

Beweis Sind $y, \tilde{y} \in K$ Lösungen von (12.2) zu einem $x \in X$, so gelten $(x - y, \tilde{y} \leq y) \leq 0$ und $(x - \tilde{y}, y - \tilde{y}) \leq 0$. Addition liefert $0 \geq (x - y - x + \tilde{y}, \ \tilde{y} - y) = -\|\tilde{y} - y\|^2$ und damit die Eindeutigkeit. Wir zeigen, dass $y = P_K x$ eine Lösung ist. Für beliebiges $z \in K$ und $t \in (0, 1)$ ist $z_t := (1 - t)y + tz \in K$, also wegen $x - z_t = (x - y) + t(y - z)$

$$\|x - y\|^2 \leq \|x - z_t\|^2 = \|x - y\|^2 + 2(x - y, \ t(y - z)) + t^2 \|z - y\|^2$$

und damit $0 \leq 2(x - y, \ y - z) + t\|z - y\|^2$ nach Division durch t. Grenzübergang $t \to 0$ liefert die Behauptung. $\qquad\square$

Im Falle eines komplexen Hilbertraums wird die Projektion ebenfalls durch eine Variationsungleichung charakterisiert, sie lautet

$$\operatorname{Re}(x - y, z - y) \leq 0 \quad \text{für alle } z \in K.$$

Der Beweis verläuft analog.

Sind $y = P_K x$ und $\tilde{y} = P_K \tilde{x}$ die Projektionen zweier Punkte $x, \tilde{x} \in X$, so folgt durch Addition der Ungleichungen $\text{Re}(x - y, \tilde{y} - y) \leq 0$ und $\text{Re}(\tilde{x} - \tilde{y}, y - \tilde{y}) \leq 0$ sowie der Cauchy-Schwarz-Ungleichung, dass

$$\|\tilde{y} - y\|^2 = (\tilde{y} - y, \tilde{y} - y) \leq \text{Re}(\tilde{x} - x, \tilde{y} - y) \leq \|\tilde{x} - x\| \|\tilde{y} - y\|$$

und damit

$$\|P_K \tilde{x} - P_K x\| \leq \|\tilde{x} - x\|,$$

das heißt, die Projektion $P_K : X \to K$ ist lipschitzstetig. Da $P_K x = x$ für $x \in K$, ist die Lipschitzkonstante gleich 1, wenn K mehr als einen Punkt enthält. Man sagt, die Projektion P_K ist *nichtexpansiv*.

Ist $K = U$ speziell ein abgeschlossener Unterraum von X, so wird aus der Variationsungleichung die *Variationsgleichung*

$$(x - y, v) = 0 \quad \text{für alle } v \in U.$$

Wir erhalten sie, indem wir $z = y \pm v$ und im komplexen Fall außerdem $z = y \pm iv$ in die Variationsungleichung einsetzen. Die Projektion P_U ist in diesem Fall linear, da aus den Variationsgleichungen für $y = P_U x$ und $\tilde{y} = P_U \tilde{x}$ und beliebige Skalare α und β unmittelbar die Variationsgleichung

$$([\alpha x + \beta \tilde{x}] - [\alpha y + \beta \tilde{y}], v) = 0 \quad \text{für alle } v \in U$$

folgt, also $P_U(\alpha x + \beta \tilde{x}) = \alpha P_U x + \beta P_U \tilde{x}$ gilt. Zusammenfassend erhalten wir die folgende Aussage.

Lemma *Ist* U *ein abgeschlossener Unterraum eines Hilbertraums* X, *so definiert die Projektion* P_U *eine lineare stetige Abbildung.*

Beispiel

Ist U ein abgeschlossener Unterraum des reellen Hilbertraums $L_2(S; \mu)$, und ist $f \in L_2(S; \mu)$, so ist $P_U f$ gemäß Projektionssatz die eindeutig bestimmte Funktion in U, welche

$$\int fg \, d\mu = \int P_U f \cdot g \, d\mu \quad \text{für alle } g \in U \tag{12.3}$$

erfüllt.

Ein Spezialfall spielt eine Rolle in der Wahrscheinlichkeitstheorie. Sei μ ein W-Maß auf $(S, \mathcal{A})$, sei $\mathcal{A}'$ eine σ-Algebra mit $\mathcal{A}' \subset \mathcal{A}$. Zu $L_2(S; \mu) =: L_2(S, \mathcal{A}, \mu)$ betrachten wir den Unterraum $U = L_2(S; \mathcal{A}', \mu)$ der auf S quadratintegrierbaren und bezüglich $\mathcal{A}'$ messbaren reellen Funktionen. Da U selbst ein Hilbertraum ist, ist U abgeschlossen in $L_2(S; \mu)$. Die im Beispiel gegebene Charakterisierung (12.3) der Projektion lässt sich äquivalent (Aufgabe 12.2) schreiben als

$$\int_{A'} f \, d\mu = \int_{A'} P_U f \, d\mu \quad \text{für alle } A' \in \mathcal{A}'. \tag{12.4}$$

Zusammen mit der $\mathcal{A}'$-Messbarkeit von $P_U f$ besagt (12.4) gerade, dass $P_U f$ die *bedingte Erwartung* von f ist.

Wir kehren zur allgemeinen Situation eines abgeschlossenen Unterraums U in einem Hilbertraum X zurück. Die Variationsgleichung

$$(x - P_U x, v) = 0 \quad \text{für alle } v \in U$$

bedeutet, dass $x - P_U x$ senkrecht auf U steht, also $x - P_U x \in U^\perp$. Man bezeichnet P_U daher auch als *Orthogonalprojektion*. Indem wir $u = P_U x$ und $u^\perp = x - u$ setzen, erhalten wir also eine orthogonale Zerlegung

$$x = u + u^\perp, \quad u \in U, \quad u^\perp \in U^\perp, \tag{12.5}$$

für die nach Pythagoras gilt

$$\|x\|^2 = \|u\|^2 + \|u^\perp\|^2.$$

Satz 12.4 (Orthogonale Zerlegung) *Sei* U *ein abgeschlossener Unterraum eines Hilbertraumes* X. *Jedes* $x \in X$ *lässt sich eindeutig zerlegen in der Form* (12.5), *und es gilt* $u = P_U x$ *und* $u^\perp = P_{U^\perp} x$ *sowie*

$$\|P_U x\| \le \|x\|.$$

Beweis Es gilt $U \cap U^\perp = \{0\}$, da $(v, v) = 0$ und damit $v = 0$ für alle $v \in U \cap U^\perp$. Hieraus folgt die Eindeutigkeit, da für zwei solche Zerlegungen $x = u + u^\perp = \tilde{u} + \tilde{u}^\perp$ gilt, dass $u - \tilde{u} = \tilde{u}^\perp - u^\perp \in U \cap U^\perp$. Zu zeigen bleibt $u^\perp = P_{U^\perp} x$. Für beliebiges $w \in U^\perp$ gilt $(x - u^\perp, w) = (u, w) = 0$, also löst $u^\perp$ die Variationsgleichung, welche $P_{U^\perp} x$ charakterisiert. $\square$

Die Orthogonalprojektion ermöglicht es, alle stetigen linearen Funktionale auf einem Hilbertraum zu charakterisieren. Unter einem stetigen linearen Funktional versteht man eine stetige lineare Abbildung ℓ von X in den Skalarenbereich $\mathbb{R}$ oder $\mathbb{C}$. Die Menge aller dieser

Funktionale ℓ bildet den Dualraum X' von X, wir behandeln ihn näher im nächsten Kapitel. Für $\ell \in X'$ setzt man

$$\|\ell\| := \sup_{\|x\| \leq 1} |\ell(x)|.$$

Es gilt die folgende, auf F. Riesz zurückgehende Charakterisierung.

Satz 12.5 (Darstellungssatz von Riesz) *Sei* y *Element eines Hilbertraumes* X. *Dann ist durch*

$$x \mapsto (x, y)$$

ein stetiges lineares Funktional gegeben. Umgekehrt lässt sich jedes $\ell \in X'$ *darstellen in der Form* $\ell(x) = (x, y)$ *für ein geeignetes* $y \in X$. *Dabei ist* y *eindeutig durch* ℓ *bestimmt und es gilt* $\|\ell\| = \|y\|$.

Beweis Der erste Teil der Behauptung ist uns schon bekannt. Umgekehrt betrachten wir zu gegebenem $\ell \in X'$ dessen Kern $U = \ell^{-1}(\{0\})$, der wegen der Stetigkeit von ℓ ein abgeschlossener Unterraum von X ist. Ist $\ell = 0$, so ist $y = 0$, andernfalls wählen wir ein $w \in U^\perp$ mit $\ell(w) = 1$. Für alle $x \in X$ gilt $x - \ell(x)w \in U$, da $\ell(x - \ell(x)w) = \ell(x) - \ell(x)\ell(w) = 0$. Es folgt weiter

$$(x, w) = (x - \ell(x)w, w) + (\ell(x)w, w) = \ell(x)\|w\|^2.$$

Der Vektor $y = \|w\|^{-2}w$ leistet also das Verlangte. Ist andererseits $0 = (x, y) - (x, \tilde{y}) = (x, y - \tilde{y})$ für alle $x \in X$, so insbesondere $0 = (y - \tilde{y}, y - \tilde{y})$ und daher $y = \tilde{y}$. Schließlich gilt $\|\ell\| = \|y\|$, da $|\ell(x)| \leq \|y\|\|x\| \leq \|y\|$, falls $\|x\| \leq 1$, und $\ell(y/\|y\|) = \|y\|$, falls $y \neq 0$. $\square$

Damit haben wir auch alle abgeschlossenen Hyperebenen H in einem Hilbertraum charakterisiert, denn solche Ebenen sind die Niveaumengen $\{\ell = c\}$ zu linearen stetigen Funktionalen.

▶ **Folgerung** *Sei* μ *ein endliches Maß auf einem messbaren Raum* $(S, \mathcal{A})$. *Jedes stetige lineare Funktional* ℓ *auf dem reellen Hilbertraum* $L_2(S; \mu)$ *hat die Form*

$$\ell(f) = \int fg\,d\mu$$

mit einem geeigneten $g \in L_2(S; \mu)$, *und es gilt* $\|\ell\| = \|g\|_2$.

Diesen Sachverhalt werden wir im nächsten Kapitel auf die Räume $L_p(S; \mu)$ mit $1 \leq p < \infty$ verallgemeinern.

12.2 Basen in Hilberträumen

Ist X ein Vektorraum, so ist eine (Vektorraum-) Basis B bekanntlich ein System linear unabhängiger Vektoren in X, so dass sich jedes $x \in X$ eindeutig als eine Linearkombination

$$x = \sum_{b \in B} \alpha_b b \tag{12.6}$$

mit endlich vielen von Null verschiedenen Skalaren α_b darstellen lässt. Dieser bei endlichdimensionalen Räumen zentrale Begriff ist für die Behandlung unendlichdimensionaler Räume weitgehend unbrauchbar. Stattdessen betrachtet man Darstellungen, in denen (12.6) die Form einer in einem geeigneten Sinn konvergenten Reihe hat. Besonders übersichtlich gestaltet sich die Situation im Hilbertraum, weil man das Skalarprodukt zur Verfügung hat und damit Orthonormalsysteme bilden kann.

Definition

Eine Teilmenge E eines Hilbertraums X heißt *Orthonormalsystem*, falls $\|e\| = 1$ für alle $e \in E$ und $(e, f) = 0$ für alle $e, f \in E$ mit $e \neq f$.

Beispiel

1. Im Raum ℓ^2 der quadratsummierbaren Folgen bildet die Menge $E = \{e_k : k \in \mathbb{N}\}$ der Einheitsvektoren $(e_k^j = \delta_{kj})$ ein Orthonormalsystem.
2. Wir betrachten den Raum $L_2(-\pi, \pi) := L_2((-\pi, \pi); \lambda)$ und schreiben $L_2^{\mathbb{C}}(-\pi, \pi)$ und $L_2^{\mathbb{R}}(-\pi, \pi)$, um den Skalarenkörper zu spezifizieren. Die Menge $E = \{e_k : k \in \mathbb{Z}\}$ mit

$$e_k(t) = \frac{1}{\sqrt{2\pi}} e^{ikt}$$

bildet ein Orthonormalsystem in $L_2^{\mathbb{C}}(-\pi, \pi)$, da für $k \neq j$

$$(e_k, e_j) = \frac{1}{2\pi} \int_{-\pi}^{\pi} e^{i(k-j)t} dt = \frac{1}{2\pi} \frac{1}{i(k-j)} e^{i(k-j)t} \Big|_{t=-\pi}^{t=\pi} = 0$$

und offenbar $(e_k, e_k) = 1$. Die Menge $E = \{\tilde{e}_k : k \in \mathbb{Z}\}$ mit

$$\tilde{e}_0(t) = \frac{1}{\sqrt{2\pi}}, \quad \tilde{e}_k(t) = \frac{1}{\sqrt{\pi}} \cos kt, \quad \tilde{e}_{-k}(t) = \frac{1}{\sqrt{\pi}} \sin kt, \quad k \geq 1,$$

bildet ebenfalls ein Orthonormalsystem in $L_2^{\mathbb{C}}(-\pi, \pi)$ und damit auch in $L_2^{\mathbb{R}}(-\pi, \pi)$, wie man aus den Formeln $\tilde{e}_0 = e_0$,

$$\tilde{e}_k = \frac{1}{\sqrt{2}}(e_k + e_{-k}), \quad \tilde{e}_{-k} = \frac{1}{i\sqrt{2}}(e_k - e_{-k}), \quad k \geq 1,$$

und den Rechenregeln für das Skalarprodukt, oder direkt durch partielle Integration, erkennt.

Sind $\alpha_1, \ldots, \alpha_n$ Skalare und $e_1, \ldots, e_n$ paarweise verschiedene Elemente aus einem Orthonormalsystem E, so gilt

$$\left\| \sum_{k=1}^{n} \alpha_k e_k \right\|^2 = \sum_{k=1}^{n} |\alpha_k|^2.$$

Denn: $(\sum_{k=1}^{n} \alpha_k e_k, \sum_{l=1}^{n} \alpha_l e_l) = \sum_{k=1}^{n} \sum_{l=1}^{n} \alpha_k \overline{\alpha_l}(e_k, e_l) = \sum_{k=1}^{n} \alpha_k \overline{\alpha_k}$. Gilt weiter $\sum_{k=1}^{n} \alpha_k e_k = 0$, so folgt $\alpha_1 = \cdots = \alpha_n = 0$. Daher ist jedes Orthonormalsystem linear unabhängig.

Weiter sind Orthonormalsysteme dazu geeignet, konvergente Reihen zu bilden. Eine Reihe $\sum_{k \geq 1} y_k$ in einem Hilbertraum (oder allgemeiner in einem normierten Raum) X heisst *konvergent*, falls die aus den Partialsummen $s_n = \sum_{k=1}^{n} y_k$ gebildete Folge in X konvergiert. Den Grenzwert $y = \lim_n s_n$ bezeichnet man ebenfalls mit $\sum_{k \geq 1} y_k$.

Lemma *Sei $\{e_1, e_2, \ldots\}$ ein abzählbar unendliches Orthonormalsystem im Hilbertraum X und $\alpha_1, \alpha_2, \ldots$ eine Folge von Skalaren. Dann ist $\sum_{k \geq 1} \alpha_k e_k$ genau dann in X konvergent, wenn $\sum_{k \geq 1} |\alpha_k|^2 < \infty$ erfüllt ist. Es gilt dann*

$$\left\| \sum_{k \geq 1} \alpha_k e_k \right\|^2 = \sum_{k \geq 1} |\alpha_k|^2.$$

Beweis Für $s_n := \sum_{k=1}^{n} \alpha_k e_k$ und $m < n$ gilt

$$\|s_n - s_m\|^2 = \left\| \sum_{k=m+1}^{n} \alpha_k e_k \right\|^2 = \sum_{k=m+1}^{n} |\alpha_k|^2.$$

s_n ist also genau dann eine Cauchyfolge, wenn $\sum_{k \geq 1} |\alpha_k|^2$ konvergiert. Da X vollständig ist, ist dies äquivalent zur Behauptung.

Die letzte Behauptung ergibt sich aus $\|s_n\|^2 = \sum_{k=1}^{n} |\alpha_k|^2$ durch den Grenzübergang $n \to \infty$ aufgrund der Stetigkeit der Norm. $\qquad\square$

Zur Anwendung des Lemmas benutzen wir den folgenden Satz.

Satz 12.6 (Besselsche Ungleichung) *Sei* $\{e_1, e_2, \dots\}$ *ein endliches oder abzählbar unendliches Orthonormalsystem in* X. *Dann gilt für alle* $x \in X$

$$\sum_{k \geq 1} |(x, e_k)|^2 \leq \|x\|^2.$$

Beweis Für $s_n := \sum_{k=1}^{n} (x, e_k) e_k$ gilt $\|s_n\|^2 = \sum_{k=1}^{n} |(x, e_k)|^2$ und damit

$$(x, s_n) = \sum_{k=1}^{n} \overline{(x, e_k)}(x, e_k) = \|s_n\|^2 = (s_n, s_n).$$

Es folgt $(x - s_n, s_n) = 0$, und der Satz von Pythagoras ergibt

$$\|x\|^2 = \|s_n\|^2 + \|x - s_n\|^2 \geq \|s_n\|^2 = \sum_{k=1}^{n} |(x, e_k)|^2.$$

Dies ist die Behauptung für ein endliches Orthonormalsystem. Der andere Fall folgt mit $n \to \infty$. $\qquad\square$

Die Besselsche Ungleichung ergibt mit dem vorigen Lemma, dass der Ausdruck $\sum_{k \geq 1} (x, e_k) e_k$ für $x \in X$ und ein Orthonormalsystem $\{e_1, e_2, \dots\}$ immer einen wohldefinierten Wert hat, entweder als endliche Summe oder als konvergente Reihe. Diese Ausdrücke lassen sich nun wieder als Projektionen auf Unterräume begreifen.

Dazu bezeichne span(E) den von einer Menge $E \subset X$ aufgespannten Unterraum. Er besteht aus allen Linearkombinationen der Form $\sum_{e \in E} \alpha_e e$ mit endlich vielen von Null verschiedenen Skalaren α_e. Seinen Abschluss bezeichnen wir mit $\overline{\mathrm{span}}(E)$. Ist E endlich, so ist span(E) = $\overline{\mathrm{span}}(E)$, da jeder endlichdimensionale normierte Raum vollständig ist. Ist E unendlich, so besagt ein Ergebnis der Funktionalanalysis, dass span(E) $\neq \overline{\mathrm{span}}(E)$ gilt, falls X vollständig ist. (Sonst könnte man mit E als Vektorraumbasis arbeiten.)

Satz 12.7 *Sei* U *ein abgeschlossener Teilraum und* $E = \{e_1, e_2, \dots\}$ *ein endliches oder abzählbar unendliches Orthonormalsystem im Hilbertraum* X *mit* $\overline{\mathrm{span}}(E) = U$. *Dann folgt für alle* $x \in X$

$$P_U x = \sum_{k \geq 1} (x, e_k) e_k, \quad \|P_U x\|^2 = \sum_{k \geq 1} |(x, e_k)|^2.$$

Beweis Sei $y := \sum_{k \geq 1} (x, e_k) e_k$. Dann gilt (im endlichen und wegen der Stetigkeit des Skalarproduktes auch im unendlichen Fall)

$$(x - y, e_l) = (x, e_l) - \sum_{k \geq 1} (x, e_k)(e_k, e_l) = 0.$$

Es folgt $(x - y, z) = 0$ für alle $z \in \mathrm{span}(E)$ und aufgrund der Stetigkeit des Skalarproduktes $(x - y, z) = 0$ für alle $z \in \overline{\mathrm{span}}(E) = U$. Damit erfüllt y die Variationsgleichung der Projektion, es folgt also die erste Behauptung. Die zweite folgt aus dem vorigen Lemma. $\square$

Beispiel

1. Wir betrachten im Folgenraum ℓ^2 das aus den Einheitsvektoren bestehende Orthonormalsystem $E = \{e_k : k \in \mathbb{N}\}$. Für $x = (x^1, x^2, \dots) \in \ell^2$ gilt $(x, e_k) = x^k$, und

$$P_U x = \sum_{k=1}^{n} (x, e_k) e_k = \sum_{k=1}^{n} x^k e_k$$

   stellt die Orthogonalprojektion auf $U = \mathrm{span}(\{e_1, \dots, e_n\})$ dar.

2. Wir untersuchen im Funktionenraum $L_2^{\mathbb{C}}(-\pi, \pi)$ das aus den komplexen Funktionen $e_k(t) = (1/\sqrt{2\pi}) e^{ikt}$ gebildete Orthonormalsystem. Für $f \in L_2^{\mathbb{C}}(-\pi, \pi)$ heißt

$$c_k = (f, e_k) = \frac{1}{\sqrt{2\pi}} \int_{-\pi}^{\pi} f(t) e^{-ikt} dt, \quad k \in \mathbb{Z},$$

   der *k-te Fourierkoeffizient*[2] *von* f. Mit $U = \mathrm{span}(\{e_{-n}, \dots, e_n\})$ ist die Orthogonalprojektion

$$P_U f = \sum_{k=-n}^{n} (f, e_k) e_k = \sum_{k=-n}^{n} c_k e_k$$

---

[2]JOSEPH FOURIER, 1768–1830, geb. in Auxerre, tätig in Paris an der École Polytechnique. Im Zusammenhang mit seinem grundlegenden Beitrags zur Wärmeleitung benutzte er als erster trigonometrische Reihen zur Darstellung allgemeiner Funktionen.

gerade die n-te Partialsumme der *Fourierreihe* $\sum_{k \in \mathbb{Z}} c_k e_k$ von f. Über die Konvergenz der Fourierreihe geben die folgenden Sätze Auskunft.

Wir kommen nun zu dem Begriff, mit dem man im Hilbertraum den Begriff einer Basis in einem Vektorraum ersetzt.

Definition

Ein Orthonormalsystem E heißt *Orthonormalbasis*[3] von X, falls span(E) dicht liegt in X, das heißt, falls $\overline{\text{span}}(E) = X$ gilt.

Es wird also lediglich verlangt, dass jedes $x \in X$ sich als Grenzwert einer Folge in span(E) darstellen lässt. Wie wir gleich sehen werden, können wir im Hilbertraum dann jedes x sogar als Grenzwert einer Reihe mit Partialsummen in span(E) darstellen.

Satz 12.8 *Für ein abzählbar unendliches Orthonormalsystem* $E = \{e_1, e_2 \ldots\}$ *in einem Hilbertraum X sind äquivalent:*

(i) $E^\perp = \{0\}$.
(ii) $X = \overline{\text{span}}(E)$, *das heißt, E ist Orthonormalbasis.*
(iii) Es gilt

$$x = \sum_{k=1}^{\infty} (x, e_k) e_k \quad \text{für alle } x \in X.$$

(iv) Es gilt

$$(x, y) = \sum_{k=1}^{\infty} (x, e_k)(e_k, y) \quad \text{für alle } x, y \in X.$$

(v) Es gilt die Parsevalsche[4] *Gleichung*

$$\|x\|^2 = \sum_{k=1}^{\infty} |(x, e_k)|^2 \quad \text{für alle } x \in X.$$

---

[3] Statt von einer Orthonormalbasis spricht man auch von einem *vollständigen Orthonormalsystem*.
[4] MARC- ANTOINE PARSEVAL, 1755–1836, geb. in Rosière-aux-Salines, tätig in Paris.

Beweis (i) $\Rightarrow$ (ii): Sei $U := \overline{\text{span}}(E)$. Aus $E \subset U$ folgt $U^\perp \subset E^\perp$, also $U^\perp = \{0\}$ und damit $U = X$.

(ii) $\Rightarrow$ (iii): Aus $U := \overline{\text{span}}(E) = X$ folgt $P_U x = x$ für alle $x \in X$ und damit aus dem vorangehenden Satz die Behauptung.

(iii) $\Rightarrow$ (iv): Die auf der rechten Seite in (iv) stehende Reihe ist absolut konvergent, da

$$\sum_{k=1}^\infty |(x, e_k)(e_k, y)| \leq \sum_{k=1}^\infty |(x, e_k)|^2 \cdot \sum_{k=1}^\infty |(y, e_k)|^2 \leq \|x\|^2 \|y\|^2$$

nach der Cauchy-Schwarz-Ungleichung in ℓ^2 und der Besselschen Ungleichung. Die Behauptung folgt nun, indem man auf beiden Seiten in (iii) das Skalarprodukt mit y bildet und die Stetigkeit des Skalarprodukts berücksichtigt.

(iv) $\Rightarrow$ (v): Wir setzen $y = x$ in (iv).

(v) $\Rightarrow$ (i): Für $x \in E^\perp$ gilt $(x, e_k) = 0$ für alle k und damit $\|x\| = 0$ nach (v). $\quad\square$

Beispiel

Im Folgenraum ℓ^2 ist das aus den Einheitsvektoren bestehende Orthonormalsystem $E = \{e_k : k \in \mathbb{N}\}$ eine Orthonormalbasis, da für $x = (x^1, x^2, \ldots) \in \ell^2$ die aus $s_n = \sum_{k \leq n} x^k e_k$ gebildete Folge in span (E) liegt und gegen x konvergiert; damit ist die Bedingung (ii) im vorangehenden Satz erfüllt.

Zum Nachweis, dass das aus den Funktionen $e_k(t) = (1/\sqrt{2\pi})e^{ikt}$ gebildete Orthonormalsystem eine Orthonormalbasis im $L_2^{\mathbb{C}}(-\pi, \pi)$ ist, ziehen wir Argumente aus der Analysis heran. Auf Fejér geht die Idee zurück, anstelle der Folge der Partialsummen $s_n = \sum_{|k| \leq n}(f, e_k)e_k$ auch die aus deren arithmetischen Mitteln gebildete Folge

$$a_m := \frac{1}{m+1} \sum_{n=0}^m \sum_{k=-n}^n (f, e_k)e_k$$

zu untersuchen.

Satz 12.9 (Fejér[5]) *Ist* $f : [-\pi, \pi] \to \mathbb{C}$ *eine stetige Funktion mit* $f(-\pi) = f(\pi)$, *so konvergiert* a_m *gleichmäßig gegen* f *auf* $[-\pi, \pi]$.

---

[5]Lipót Fejér, 1880–1959, geb. in Pécs, tätig in Klausenburg und Budapest. Seine Arbeitsgebiete waren harmonische Analysis und Potentialtheorie.

Beweis Es ist

$$a_m(t) = \frac{1}{m+1} \sum_{n=0}^{m} \sum_{k=-n}^{n} \frac{1}{2\pi} \int_{-\pi}^{\pi} f(\tau)e^{-ik\tau}d\tau \cdot e^{ikt} = \frac{1}{2\pi} \int_{-\pi}^{\pi} f(\tau)F_m(t-\tau)\,d\tau$$

mit dem *Fejér-Kern*

$$F_m(\tau) = \frac{1}{m+1} \sum_{n=0}^{m} \sum_{k=-n}^{n} e^{ik\tau}.$$

Es ist $\int_{-\pi}^{\pi} F_m(\tau)\,d\tau = 2\pi$, da $\int_{-\pi}^{\pi} e^{ik\tau}\,d\tau = 0$ für $k \neq 0$. Da F_m eine 2π-periodische Funktion ist, gilt

$$a_m(t) = \frac{1}{2\pi} \int_{-\pi}^{\pi} f(t-\tau)F_m(\tau)\,d\tau,$$

wobei wir f außerhalb von $[-\pi, \pi]$ periodisch fortgesetzt haben. Wegen $f(\pi) = f(-\pi)$ bleibt f dabei stetig.

Aufgrund einer trigonometrischen Identität (Aufgabe 12.4) gilt

$$F_m(\tau) = \frac{1}{m+1} \frac{\sin^2(\frac{m+1}{2}\tau)}{\sin^2(\frac{1}{2}\tau)}. \tag{12.7}$$

Für $0 < \delta < \pi$ können wir nun auf $[-\pi, \pi]$ abschätzen

$$|f(t) - a_m(t)| = \frac{1}{2\pi} \left| \int_{-\pi}^{\pi} (f(t) - f(t-\tau))F_m(\tau)d\tau \right|$$

$$\leq \frac{1}{2\pi} \int_{-\delta}^{\delta} |f(t) - f(t-\tau)|F_m(\tau)\,d\tau + \frac{1}{2\pi} \left(\int_{-\pi}^{-\delta} + \int_{\delta}^{\pi} \right) |f(t) - f(t-\tau)|F_m(\tau)\,d\tau.$$

Zu vorgegebenem $\varepsilon > 0$ wählen wir $\delta > 0$ aufgrund der gleichmäßigen Stetigkeit von f so, dass $|f(t) - f(t-\tau)| < \varepsilon$ für $|\tau| < \delta$, und m_0 aufgrund von (12.7) so, dass $F_m(\tau) < \varepsilon$ für alle τ mit $\delta \leq |\tau| \leq \pi$ und alle $m \geq m_0$. Es folgt

$$\|f - a_m\|_\infty \leq (1 + 2\|f\|_\infty)\varepsilon$$

für $m \geq m_0$ und damit die Behauptung. $\qquad\square$

▶ **Folgerung** *Die Funktionen* $e_k(t) = (1/\sqrt{2\pi})e^{ikt}$, $k \in \mathbb{Z}$, *bilden eine Orthonormalbasis des* $L_2^{\mathbb{C}}(-\pi, \pi)$. *Die Funktionen*

$$\tilde{e}_0(t) = \frac{1}{\sqrt{2\pi}}, \quad \tilde{e}_k(t) = \frac{1}{\sqrt{\pi}}\cos kt, \quad \tilde{e}_{-k}(t) = \frac{1}{\sqrt{\pi}}\sin kt, \quad k \geq 1,$$

bilden eine Orthonormalbasis des $L_2^{\mathbb{R}}(-\pi, \pi)$.

Beweis Für $U = \mathrm{span}\{e_k : k \in \mathbb{Z}\}$ gilt $a_m \in U$ und $\|f - a_m\|_2 \le \sqrt{2\pi}\|f - a_m\|_\infty$. Nach dem Satz von Fejér liegt also U dicht im von den stetigen Funktionen mit $f(\pi) = f(-\pi)$ gebildeten Unterraum V von $L_2^{\mathbb{C}}(-\pi, \pi)$. Durch Abänderung nahe eines Randpunkts lassen sich beliebige stetige Funktionen durch solche aus V in der L_2-Norm beliebig gut approximieren, und wegen der Dichtheit der stetigen Funktionen im $L_2^{\mathbb{C}}(-\pi, \pi)$ nach Satz 7.7 gilt das auch für beliebige L_2-Funktionen. Damit ist die Bedingung (ii) im Satz zur Charakterisierung von Orthonormalbasen erfüllt. Da der Fejér-Kern F_m reellwertig und somit mit f auch a_m reellwertig ist, und da sich jede reellwertige Funktion in U aus den $\tilde{e}_k$ reell linear kombinieren lässt, folgt die Behauptung auch für $L_2^{\mathbb{R}}(-\pi, \pi)$. $\qquad \Box$

Zusammenfassend halten wir fest, dass für Funktionen $f \in L_2$ die Fourierreihe $\sum_{k \in \mathbb{Z}}(f, e_k)e_k$ im Sinne der Norm des L_2 gegen f konvergiert.

Ein berühmter Satz von Carleson besagt, dass für $f \in L_2$ die Fourierreihe fast überall gegen f konvergiert (und nicht nur eine Teilfolge der Partialsummen gemäß der Sätze 6.4 und 6.6).

Übungsaufgaben

Aufgabe 12.1 Zeigen Sie, dass in einem komplexen Hilbertraum X das Skalarprodukt die Gleichung

$$(x, y) = \frac{1}{4}(\|x + y\|^2 - \|x - y\|^2 + i\|x + iy\|^2 - i\|x - iy\|^2)$$

für alle $x, y \in X$ erfüllt.

Aufgabe 12.2 Sei μ ein Wahrscheinlichkeitsmaß auf $(S, \mathcal{A})$, sei $\mathcal{A}' \subset \mathcal{A}$ eine weitere σ-Algebra, seien $X = L_2(S; \mathcal{A}, \mu)$ und $U = L_2(S; \mathcal{A}', \mu)$. Zeigen Sie, dass für $f \in X$ und $h \in U$ aus

$$\int_{A'} f \, d\mu = \int_{A'} P_U f \, d\mu \quad \text{für alle } A' \in \mathcal{A}'$$

folgt, dass $h = P_U f$.

Aufgabe 12.3 Ist $E = \{e_1, e_2, \ldots\}$ ein abzählbar unendliches Orthonormalsystem in einem Hilbertraum X, und ist $x \in X$, so gilt

$$\sum_{k \ge 1}(x, e_{\pi(k)})e_{\pi(k)} = \sum_{k \ge 1}(x, e_k)e_k$$

für jede Umordnung (= bijektive Abbildung) $\pi : \mathbb{N} \to \mathbb{N}$ von E. Diesen Sachverhalt bezeichnet man als *unbedingte Konvergenz* der Reihe $\sum_{k \ge 1}(x, e_k)e_k$.

Aufgabe 12.4 Zeigen Sie für $-\pi \leq \tau \leq \pi, \tau \neq 0$ die Gültigkeit der trigonometrischen Identität

$$\sum_{n=0}^{m} \sum_{k=-n}^{n} e^{ikt} = \frac{\sin^2(\frac{m+1}{2}\tau)}{\sin^2(\frac{1}{2}\tau)}.$$

Hinweis: Verwenden Sie die Summenformel für Partialsummen der geometrischen Reihe und die trigonometrische Identität

$$4 \sin^2 \varphi = 4 \left[\frac{1}{2i}(e^{e^{i\varphi}} - e^{-i\varphi}) \right]^2 = 2 - e^{2i\varphi} - e^{-2i\varphi}.$$

Banachräume 13

In den vorangehenden Kapiteln haben wir bereits mehrfach Funktionen als Elemente von Funktionenräumen aufgefasst. Wir vertiefen nun diese Sichtweise, indem wir lineare stetige Funktionale auf solchen Räumen näher betrachten. Wir werden sie in zwei wichtigen Fällen charakterisieren, die in enger Beziehung zur Integrationstheorie stehen, nämlich für die Räume der p-integrierbaren Funktionen und der stetigen Funktionen. Der Begriff des Banachraumes liefert dafür den geeigneten funktionalanalytischen Rahmen.

Dies ist uns Anlass, den Leser zunächst etwas näher mit Banachräumen bekannt zu machen. Wir erinnern an die Definition der Norm in einem Vektorraum.

Definition

Eine *Norm* ist eine Abbildung auf einem reellen oder komplexen Vektorraum X, die jedem Vektor $x \in X$ eine nichtnegative Zahl $\|x\|$ zuordnet mit den Eigenschaften

  (i) Definitheit: $\|x\| = 0$ genau dann, wenn $x = 0$,
 (ii) Positive Homogenität: $\|\alpha x\| = |\alpha| \|x\|$ für alle Skalare α,
(iii) Dreiecksungleichung: $\|x + y\| \leq \|x\| + \|y\|$ für alle $x, y \in X$.

Wir nennen X, oder genauer $(X, \|\cdot\|)$, einen *normierten Raum*. Gelten (ii) und (iii), aber möglicherweise nicht (i), so sprechen wir von einer *Halbnorm* auf X.

Aus der Dreiecksungleichung folgt wegen $\|x\| \leq \|x - y\| + \|y\|$ unmittelbar die *umgekehrte Dreiecksungleichung*

$$\big|\|x\| - \|y\|\big| \leq \|x - y\|, \quad x, y \in X.$$

© Springer Basel AG 2019
M. Brokate und G. Kersting, *Maß und Integral,* Mathematik Kompakt,
https://doi.org/10.1007/978-3-0348-0988-7_13

Beispiel

Wie in Kap. 6 gezeigt, sind die Räume $L_p(S; \mu)$ der zur p-ten Potenz integrierbaren ($1 \le p < \infty$) bzw. im Fall $p = \infty$ messbaren und wesentlich beschränkten (Äquivalenzklassen von) Funktionen auf einem Maßraum $(S, \mathcal{A}, \mu)$ reelle normierte Räume mit den *p-Normen*

$$\|f\|_p = \left(\int |f|^p \, d\mu \right)^{1/p}, \quad 1 \le p < \infty, \quad \|f\|_\infty = N_\infty(f).$$

Lassen wir komplexwertige Funktionen f zu, so erhalten wir auf diese Weise komplexe normierte Räume. (Eine komplexwertige Funktion heißt messbar bzw. integrierbar, wenn Real- und Imaginärteil messbar bzw. integrierbar sind. Die Normeigenschaften werden genauso bewiesen wie im reellen Fall.)

Die Räume $\mathbb{R}^d$ und $\mathbb{C}^d$ für $d < \infty$ mit den Normen

$$\|x\|_p = \left(\sum_{k=1}^{d} |x^k|^p \right)^{1/p}, \quad 1 \le p < \infty, \quad \|x\|_\infty = \sup_k |x^k|,$$

können wir als Spezialfall der L_p-Räume auffassen, indem wir für μ das Zählmaß auf der Menge $S = \{1, \dots, d\}$ wählen; hierbei bezeichnet x^k die k-te Komponente des Vektors x. Im Fall d = 1 erhalten wir den Skalarenkörper, aufgefasst als normierten Raum mit $\|x\| = |x|$.

Für $d = \infty$ erhalten wir die Räume ℓ^p der zur p-ten Potenz summierbaren bzw. beschränkten Folgen, das sind diejenigen Folgen $x = (x^1, x^2, \dots)$, für die $\|x\|_p$ endlich ist. Mit $S = \mathbb{N}$ und dem Zählmaß μ sind sie ebenfalls Spezialfälle des $L^p(\mu)$.

Beispiel

Ist S eine Menge, so ist der Vektorraum aller beschränkten (reell- oder komplexwertigen) Funktionen auf S ein normierter Raum mit $\|f\|_\infty = \sup_{x \in S} |f(x)|$. Ist S ein kompakter metrischer Raum, so liefert die gleiche Definition auch auf dem Vektorraum $C(S)$ aller stetigen Funktionen auf S eine Norm.

Das vorangehende Beispiel illustriert, dass jeder Untervektorraum U eines normierten Raumes X durch Einschränken der Norm von X auf U zu einem normierten Raum wird.

Definition

Eine Folge $x_1, x_2, \dots$ in einem normierten Raum X heißt *konvergent* gegen den *Grenzwert* $x \in X$, geschrieben

$$x = \lim_{n \to \infty} x_n, \quad \text{oder } x_n \to x,$$

falls $\lim_{n - \infty} \|x_n - x\| = 0$.

Im Falle $X = L_p(S; \mu)$ für $1 \le p < \infty$ ist das gerade die Konvergenz im p-ten Mittel. Konvergenz in der Supremumsnorm $\| \cdot \|_\infty$ in einem Funktionenraum ist gleichbedeutend mit der gleichmäßigen Konvergenz (bzw. mit der gleichmäßigen Konvergenz fast überall).

Unmittelbar aus der Definition der Norm folgt, dass Summen und skalare Vielfache konvergenter Folgen gegen die Summe bzw. das Vielfache ihrer Grenzwerte konvergieren.

In einem normierten Raum X ist die abgeschlossene Kugel um den Punkt $x \in X$ mit Radius $r > 0$ gegeben durch $\{y : \|y - x\| \le r\}$, wir bezeichnen sie mit $B_r(x)$. Statt $B_r(0)$ schreiben wir kurz B_r, statt B_1 auch einfach B, letztere heißt die (abgeschlossene) *Einheitskugel* in X. Es gilt offenbar $B_r(x) = x + rB$.

Vermittels $d(x, y) = \|x - y\|$ erzeugt jede Norm auf einem Vektorraum X eine translationsinvariante Metrik, das heißt, es gilt $d(x + z, y + z) = d(x, y)$ für alle $x, y, z \in X$. Durch Einschränken von d wird jede Teilmenge M von X zu einem metrischen Raum.

Definition

Ein vollständiger normierter Raum heißt *Banachraum*.

Die eingangs genannten Räume $L_p(S; \mu)$ (S Maßraum) und C(S) (S kompakter metrischer Raum) sind Banachräume. Für L_p ist das in Kap. 6 bewiesen worden. Zum Beweis der Vollständigkeit von C(S) zeigt man, dass jede Cauchyfolge von stetigen Funktionen gleichmäßig gegen ihren punktweisen Grenzwert konvergiert (Aufgabe 13.1).

Jeder Hilbertraum ist vermittels $\|x\| := \sqrt{(x, x)}$ ein Banachraum. Ein Unterraum U eines Banachraums X ist offenbar genau dann selbst ein Banachraum, wenn er abgeschlossen ist in X. Jeder endlichdimensionale normierte Raum (und damit auch jeder endlichdimensionale Unterraum eines normierten Raums) ist ein Banachraum (Aufgabe 13.3).

Die umgekehrte Dreiecksungleichung $|\|x\| - \|y\|| \le \|x - y\|$ sagt aus, dass die Norm eine lipschitzstetige Funktion auf X mit Lipschitzkonstante 1 ist. Solche Funktionen heißen *nichtexpansiv*. Die für $M \subset X$ und $x \in X$ durch

$$d(x, M) = \inf_{z \in M} d(x, z) = \inf_{z \in M} \|x - z\|$$

definierte *Abstandsfunktion* ist als Funktion von x ebenfalls nichtexpansiv (Aufgabe 13.2).

Definition

Zwei Normen $\| \cdot \|_a$ und $\| \cdot \|_b$ auf einem Vektorraum X heißen *äquivalent*, wenn es Konstante $c_1, c_2 > 0$ gibt mit

$$c_1 \|x\|_a \le \|x\|_b \le c_2 \|x\|_a \quad \text{für alle } x \in X.$$

Dieser Äquivalenzbegriff liefert in der Tat eine Äquivalenzrelation auf der Menge aller Normen auf X, wie man unmittelbar erkennt. Sind zwei Normen äquivalent, so erzeugen sie dieselbe Topologie, das heißt, in beiden Normen sind dieselben Folgen konvergent, dieselben Mengen offen und abgeschlossen und so weiter.

Satz 13.1 *Auf $\mathbb{R}^d$ und $\mathbb{C}^d$, $d \in \mathbb{N}$, sind alle Normen äquivalent.*

Beweis Es genügt zu zeigen, dass eine beliebige Norm $\| \cdot \|$ zur Maximumnorm $\| \cdot \|_\infty$ äquivalent ist. Sind e_i die Einheitsvektoren in X, $X = \mathbb{R}^d$ oder $\mathbb{C}^d$, so gilt

$$\|x\| \leq \sum_{i=1}^{d} |x_i| \|e_i\| \leq c_2 \|x\|_\infty, \quad c_2 := \sum_{i=1}^{d} \|e_i\|.$$

Weiter ist die reellwertige Funktion $f(x) = \|x\|$ wegen

$$\big| \|x_n\| - \|x\| \big| \leq \|x_n - x\| \leq c_2 \|x_n - x\|_\infty$$

stetig auf $(X, \| \cdot \|_\infty)$ und nimmt daher auf der kompakten Menge $S := \{x : \|x\|_\infty = 1\}$ ihr Minimum c_1 an, welches positiv ist wegen der Definitheit der Norm. Für alle $x \neq 0$ in X folgt daher $c_1 \leq \| \|x\|_\infty^{-1} x \|$ und damit auch $c_1 \|x\|_\infty \leq \|x\|$. $\qquad\qquad\square$

In unendlichdimensionalen Räumen gilt die Aussage des Satzes nicht. Betrachten wir etwa auf C([0, 1]) neben der Maximumnorm die Integralnorm $\|f\|_1 = \int_0^1 |f(x)|\, dx$, so gibt es Folgen $f_1, f_2, \ldots$ mit $\|f_n\|_\infty = 1$, aber $\|f_n\|_1 \to 0$. (Siehe Aufgabe 13.2.) Unterschiedliche Normen liefern also unterschiedliche Konvergenzaussagen.

Die folgenden Bilder zeigen die Einheitskugeln der p-Normen im $\mathbb{R}^2$ für $p = 1, 2, \infty$.

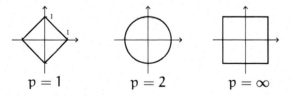

$$p = 1 \qquad\qquad p = 2 \qquad\qquad p = \infty$$

13.1 Stetige lineare Abbildungen

Zwischen endlichdimensionalen Räumen sind alle linearen Abbildungen stetig. Im Unendlichdimensionalen gilt das nicht. Ein Gegenbeispiel liefert jedes lineare $T : \ell^2 \to \mathbb{R}$, welche $Te_n = n$ erfüllt für die Einheitsvektoren e_n. Für $x_n = n^{-1} e_n$ gilt nämlich $x_n \to 0$ wegen $\|x_n\| = n^{-1}$, aber $Tx_n = 1 \neq 0 = T(0)$.

Die Stetigkeit einer linearen Abbildung T zwischen normierten Räumen X und Y lässt sich durch eine Reihe äquivalenter Eigenschaften charakterisieren. Ein $C > 0$ heißt *Schranke* für eine Teilmenge M von X, falls $\|x\| \leq C$ für alle $x \in M$; gibt es solch eine Schranke, so heißt M *beschränkt* (in X). Man erkennt unmittelbar, dass (endliche) Summen und skalare Vielfache beschränkter Mengen ebenfalls beschränkt sind. Die Abbildung T heißt beschränkt auf M, falls das Bild $T(M)$ beschränkt ist in Y.

Satz 13.2 *Für eine lineare Abbildung* T *zwischen normierten Räumen* X *und* Y *sind äquivalent:*

  (i) T *ist stetig auf* X.
 (ii) T *ist stetig in* 0.
(iii) *Es gibt eine Kugel* B_r, *auf der* T *beschränkt ist.*
(iv) *Das Bild* $T(M)$ *jeder beschränkten Menge* M *ist beschränkt.*
 (v) *Es gibt ein* $C > 0$ *mit* $\|Tx\|_Y \leq C\|x\|_X$ *für alle* $x \in X$.

Beweis Es ist klar, dass (ii) aus (i) folgt. Zum Beweis von (ii) $\Rightarrow$ (iii) verwenden wir Kontraposition. Ist $x_1, x_2, \ldots$ eine Folge mit $0 < \|Tx_n\| \to \infty$ und o.B.d.A $\|x_n\| = r$, so gilt für $z_n = \|Tx_n\|^{-1}x_n$, dass $z_n \to 0$ und $\|Tz_n\| = 1$, T ist also nicht stetig in 0. Zum Beweis von (iv) aus (iii) sei M beschränkt. Es gilt dann $M \subset tB_r$ für geeignetes $t > 0$ und $T(M) \subset tT(B_r)$, damit ist $T(M)$ beschränkt. Zum Beweis von (v) aus (iv) erkennen wir, dass für $x \neq 0$ gilt $\|Tx\|_Y = \|x\|_X\|T(\|x\|_X^{-1}x)\|_Y \leq C\|x\|_X$, falls C eine Schranke von $T(B_1)$ in Y ist. Zum Beweis von (i) aus (v) sei $x_1, x_2, \ldots$ eine Folge mit $x_n \to x$, dann gilt $\|Tx_n - Tx\|_Y = \|T(x_n - x)\|_Y \leq C\|x_n - x\|_X \to 0$. $\qquad\square$

Definition

Mit $\mathcal{L}(X; Y)$ bezeichnen wir die Menge der stetigen linearen Abbildungen zwischen normierten Räumen X und Y. Ist Y der Skalarenkörper, so sprechen wir vom *Dualraum* von X, geschrieben X'. Elemente von X' heißen *Funktionale*, Elemente von $\mathcal{L}(X; Y)$ heißen *Operatoren*.

Für $T \in \mathcal{L}(X; Y)$ ist die Menge $\{x \in X : Tx = y\}$ bei gegebenem $y \in Y$ ein abgeschlossener affiner Unterraum von X. Ist speziell $\ell : \mathbb{R}^d \to \mathbb{R}$ linear ($d < \infty$) und c ein Skalar, so erhalten wir Hyperebenen $H = \{\ell = c\}$, welche den $\mathbb{R}^d$ in zwei offene Halbräume $\{\ell > c\}$ und $\{\ell < c\}$ teilen. Dieser Sachverhalt bleibt auch für Funktionale $\ell \in X'$ auf beliebigen normierten Räumen X bestehen und ist ein Ausgangspunkt für geometrische Betrachtungen in Banachräumen.

Da die Summe und skalare Vielfache stetiger linearer Abbildungen ebensolche sind, sind X' bzw. allgemeiner $\mathcal{L}(X; Y)$ Vektorräume. Die Charakterisierung (v) ihrer Stetigkeit im vorangehenden Satz ergibt, dass

$$\|T\| := \sup_{\|x\|\leq 1} \|Tx\| = \sup_{\|x\|=1} \|Tx\| = \sup_{\|x\|\neq 0} \frac{\|Tx\|}{\|x\|}$$

eine endliche nichtnegative Zahl ist, sie heißt die *Operatornorm* von $T \in \mathcal{L}(X; Y)$. Es gilt offenbar

$$\|Tx\| \leq \|T\|\|x\|$$

für alle $x \in X$, und $\|T\|$ ist die kleinste Konstante C mit der Eigenschaft $\|Tx\| \leq C\|x\|$ für alle x. Demnach folgt für die Komposition $S \circ T$ zweier stetiger linearer Abbildungen wegen $\|(S \circ T)x\| \leq \|S\| \|Tx\| \leq \|S\|\|T\|\|x\|$, dass

$$\|S \circ T\| \leq \|S\|\|T\|.$$

Satz 13.3 *Mit der Operatornorm wird $\mathcal{L}(X; Y)$ zu einem normierten Raum. Ist Y vollständig, so ist $\mathcal{L}(X; Y)$ ein Banachraum, insbesondere ist der Dualraum X' ein Banachraum.*

Beweis Die Definitheit gilt, da $\|T\| = 0$ genau dann, wenn $Tx = 0$ für alle x, was gleichbedeutend ist mit $T = 0$. Positive Homogenität und Dreiecksungleichung folgen aus elementaren Eigenschaften des Supremums. Ist $T_1, T_2, \ldots$ eine Cauchyfolge in $\mathcal{L}(X; Y)$, so ist wegen $\|T_n x - T_m x\| \leq \|T_n - T_m\|\|x\|$ auch $T_1 x, T_2 x, \ldots$ eine Cauchyfolge in Y für jedes feste x. Ist nun Y vollständig, so existiert $\lim_n T_n x =: Tx$, und man zeigt (Aufgabe 13.4), dass die so definierte Abbildung $T : X \to Y$ linear und stetig ist, und dass $T_n \to T$ in $\mathcal{L}(X; Y)$. □

Auf X' bezeichnet man die Operatornorm als *duale Norm* oder *Dualnorm* und nennt für $\ell \in X'$

$$\|\ell\| = \sup_{\|x\|\leq 1} |\ell(x)| = \sup_{\|x\|=1} |\ell(x)| = \sup_{\|x\|\neq 0} \frac{|\ell(x)|}{\|x\|}$$

in der Regel schlicht *die Norm von ℓ*.

Beispiel

Durch $\ell(f) = \int f \, d\mu$ wird auf $X = L_1(S; \mu)$, μ Maß, ein Funktional $\ell \in X'$ definiert mit $|\ell(f)| \leq \|f\|_1$ und $\ell(f) = \|f\|_1$ für $f \geq 0$, also $\|\ell\| = 1$. Ist S überdies ein kompakter metrischer Raum, μ endlich und $X = (C(S), \|\cdot\|_\infty)$, so ist wiederum $\ell \in X'$, aber diesmal $\|\ell\| = \mu(S)$, da $|\ell(f)| \leq \mu(S)\|f\|_\infty$ und $\ell(1) = \mu(S)$. Speziell definiert das Dirac-Maß δ_x

für $x \in S$ ein Funktional $\delta_x \in C(S)'$ mit $\|\delta_x\| = 1$, es ist $\delta_x(f) = f(x)$. (Man spricht daher auch vom *Dirac-Funktional*.) Dagegen lässt sich auf $X = L_1(S; \lambda)$, $S = (a, b)$ mit dem Dirac-Maß δ_x kein lineares stetiges Funktional bilden, man vergleiche Aufgabe 13.5.

Beispiel

Ist U ein abgeschlossener Unterraum eines Hilbertraumes X, so definiert die im vorigen Kapitel betrachtete Orthogonalprojektion P_U einen Operator in $\mathcal{L}(X) := \mathcal{L}(X; X)$ mit $\|P_U\| = 1$, falls $U \neq \{0\}$.

Beispiel

Für ein endliches Maß μ betrachten wir die Räume $X = L_p(S; \mu)$ und $Y = L_r(S; \mu)$ mit $1 \leq r < p < \infty$. Ist $f \in L_p(S; \mu)$, so folgt aus der Hölder-Ungleichung mit der Zerlegung $1 = r/p + (p - r)/p$

$$\|f\|_r = \left(\int |f|^r \, d\mu \right)^{\frac{1}{r}} \leq \left(\int |f|^p \, d\mu \right)^{\frac{1}{p}} \left(\int 1 \, d\mu \right)^{\frac{p-r}{pr}} = C\|f\|_p, \quad C = \mu(S)^{\frac{p-r}{pr}}.$$

Infolgedessen gilt $L_p(S; \mu) \subset L_r(S; \mu)$, und die durch $T(f) = f$ definierte *Einbettung* von $L_p(S; \mu)$ in $L_r(S; \mu)$ ist linear und stetig. Die Inklusion ist in der Regel echt, wie etwa im Falle $S = (0, 1)$ und $\mu = \lambda$ das Beispiel der durch $f(t) = t^{-1/p}$ definierten Funktion zeigt.

Beispiel

Wir betrachten einen *Integraloperator* der Form

$$(Tf)(x) = \int k(x, y) f(y) \nu(dy). \tag{13.1}$$

Zu gegebenem Kern k bildet er eine Funktion f auf eine Funktion Tf ab. Wir betrachten Maßräume $(S', \mathcal{A}', \mu)$ und $(S'', \mathcal{A}'', \nu)$ wie in Kap. 8 und setzen voraus, dass die Abbildung $k : S' \times S'' \to \overline{\mathbb{R}}$ messbar ist. Sei außerdem

$$C_k := \sup_{y \in S''} \int |k(x, y)| \, \mu(dx) < \infty.$$

Für $f \in L^1(S''; \nu)$ gilt dann

$$\iint |k(x, y) f(y)| \mu(dx) \nu(dy) \leq \int C_k |f(y)| \nu(dy) = C_k \|f\|_1 < \infty. \tag{13.2}$$

Wie in Kap. 8 erläutert, definiert die rechte Seite von (13.1) ein Element aus $L_1(S'; \mu)$. Damit wird durch (13.1) ein Operator $T : L_1(S''; \nu) \to L_1(S'; \mu)$ definiert. T ist offensichtlich linear und aufgrund der wegen (13.2) gültigen Ungleichung $\|Tf\|_1 \leq C_k \|f\|_1$ auch stetig.

Je nach Eigenschaften der Kernfunktion k operieren Integraloperatoren der Form (13.1) zwischen diversen Funktionenräumen. Der klassische Ausgangspunkt ist der Hilbertraumfall $T : L_2(0, 1) \to L_2(0, 1)$ mit $\mu = \nu = \lambda$. Hinreichend für die Stetigkeit von T ist in diesem Fall die Endlichkeit von $\int\int |k(x, y)|^2 \, dx \, dy$.

13.2   Der Dualraum von $L_p(S; \mu)$

Zu einem Maßraum $(S, \mathcal{A}, \mu)$ betrachten wir die Räume $L_p(S; \mu)$ mit $p \in [1, \infty]$. Sei q der zu p duale Exponent, das heißt, $1/p + 1/q = 1$ (dabei ist ∞ zu 1, und 1 zu ∞ dual). Ist $g \in L_q(S; \mu)$ so definiert die Zuordnung

$$f \mapsto \int fg \, d\mu$$

ein stetiges lineares Funktional auf $L_p(S; \mu)$ wegen

$$\left| \int_S fg \, d\mu \right| \leq \|g\|_q \|f\|_p$$

nach der Hölder-Ungleichung. Es stellt sich heraus, dass für $p < \infty$ jedes stetige lineare Funktional auf $L_p(S; \mu)$ so dargestellt werden kann. Wir beschränken uns auf den Fall, dass das Maß μ endlich ist.

Satz 13.4 *Sei μ ein endliches Maß auf einem messbaren Raum $(S, \mathcal{A})$, sei $1 \leq p < \infty$. Jedes stetige lineare Funktional ℓ auf $L_p(S; \mu)$ hat die Form*

$$\ell(f) = \int fg \, d\mu$$

mit einem geeigneten $g \in L_q(S; \mu)$. Die Zuordnung $g \mapsto \ell$ ist linear und isometrisch, das heißt, es gilt $\|\ell\| = \|g\|_q$ für die duale Norm von ℓ.

Anders ausgedrückt: Der Dualraum von $L_p(S; \mu)$ ist isometrisch isomorph zum Raum $L_q(S; \mu)$.

Beweis Für gegebenes $g \in L_q(S; \mu)$ setzen wir $G(f) := \int fg \, d\mu$. Wie wir bereits einleitend gesehen haben, ist G wohldefiniert, stetig und linear mit $\|G\| \leq \|g\|_q$. Die Zuordnung $g \mapsto G$ ist offenkundig linear. Zum Beweis der umgekehrten Ungleichung $\|G\| \geq \|g\|_q$ im Fall $p > 1$ betrachten wir die Funktion

$$f = (\text{sign } g)|g|^{q-1}.$$

Es ist $fg = |g|^q = |f|^p$ wegen $p(q-1) = q$, und

$$\left| \int_S fg \, d\mu \right| = \left(\int |g|^q \, d\mu \right)^{1/q} \left(\int |g|^q \, d\mu \right)^{1/p} = \|g\|_q \|f\|_p,$$

also insgesamt $\|G\| = \|g\|_q$ im Fall $p > 1$. Im Fall $p = 1$ setzen wir

$$A_n = \{ |g| \geq \|g\|_\infty - \frac{1}{n} \}, \quad f_n = 1_{A_n} \operatorname{sign} g.$$

Es ist dann $\|f_n\|_1 = \mu(A_n)$ und

$$\ell(f_n) = \int f_n g \, d\mu = \int 1_{A_n} |g| \, d\mu \geq \mu(A_n) \left(\|g\|_\infty - \frac{1}{n} \right) = \|f_n\|_1 \left(\|g\|_\infty - \frac{1}{n} \right).$$

Es folgt $\|G\| \geq \|g\|_\infty - 1/n$ und damit $\|G\| \geq \|g\|_\infty$.

Es bleibt zu zeigen, und das ist der Hauptteil des Beweises, dass jedes $\ell \in L_p(S; \mu)'$ so dargestellt werden kann.

1. Wir wollen zeigen, dass durch

$$\nu(A) = \ell(1_A), \quad A \text{ messbare Teilmenge von } S,$$

ein signiertes endliches Maß auf $\mathcal{A}$ definiert wird. Zunächst ist $\nu(\emptyset) = \ell(0) = 0$. Ist $A_1, A_2, \ldots$ eine Folge disjunkter messbarer Mengen und $A = \bigcup_{n \geq 1} A_n$, so gilt

$$\left\| 1_A - \sum_{n=1}^{m} 1_{A_n} \right\|_p^p = \mu\left(A \setminus \bigcup_{n=1}^{m} A_n \right) \to 0$$

für $m \to \infty$ wegen der Stetigkeit von Maßen, und daher mit der Stetigkeit von ℓ

$$\nu(A) = \ell(1_A) = \lim_{m \to \infty} \ell\left(\sum_{n=1}^{m} 1_{A_n} \right) = \lim_{m \to \infty} \sum_{n=1}^{m} \ell(1_{A_n}) = \sum_{n \geq 1} \nu(A_n).$$

Die Mengenfunktion ν ist also σ-additiv und damit ein signiertes Maß mit der Eigenschaft $|\nu(S)| = |\ell(1)| < \infty$.

2. Sei $\nu = \nu^+ - \nu^-$ die Jordan-Zerlegung von ν in die beiden (wegen der Endlichkeit von ν ebenfalls endlichen) Maße ν^+ und ν^- gemäß Satz 9.9. Es ist $\nu^+ \ll \mu$, $\nu^- \ll \mu$, da aus $\mu(A) = 0$ folgt $0 = \ell(1_{A'}) = \nu(A') = 0$ für alle $A' \subset A$ und damit $\nu^+(A) = \nu^-(A) = 0$. Nach dem Satz von Radon-Nikodym existieren (wegen der Endlichkeit von $\nu^\pm$ integrierbare) Dichten $d\nu^+ = g^+ \, d\mu$, $\nu^- = g^- \, d\mu$. Wir setzen $g = g^+ - g^-$ und erhalten für messbares A

$$\ell(1_A) = \nu(A) = \int_A g \, d\mu$$

mit einer integrierbaren Funktion g.

3. Wir zeigen, dass

$$\ell(f) = \int fg \, d\mu \tag{13.3}$$

gilt für beschränkte messbare Funktionen f. In der Tat gilt (13.3) für $f = 1_A$ und damit wegen der Linearität für signierte elementare Funktionen. Da letztere im $L_\infty(S; \mu)$ dicht liegen (Aufgabe 13.6), gilt (13.3) wie behauptet.

4. Wir zeigen, dass $g \in L_q(S; \mu)$. Im Fall $p > 1$ betrachten wir die durch

$$f_n = 1_{A_n}(\operatorname{sign} g)|g|^{q-1}, \quad A_n = \{|g| \le n\}$$

definierte Folge beschränkter messbarer Funktionen. Es gilt, wie oben im Beweis ausgeführt, $|f_n|^p = 1_{A_n}|g|^q$ und nach 3.

$$\int 1_{A_n}|g|^q \, d\mu = \int f_n g \, d\mu = \ell(f_n) \le \|\ell\| \|f_n\|_p = \|\ell\| \left(\int 1_{A_n}|g|^q \, d\mu \right)^{1/p}.$$

Es folgt $\|1_{A_n}g\|_q \le \|\ell\|$ und wegen monotoner Konvergenz auch $\|g\|_q \le \|\ell\|$, denn es gilt $|g|^q = \sup_n 1_{A_n}|g|^q$ fast überall. Im Fall $p = 1$ setzen wir $A = \{|g| > \|\ell\|\}$ und erhalten mit $f = 1_A \operatorname{sign} g$

$$\int 1_A|g| \, d\mu = \int fg \, d\mu = \ell(f) \le \|\ell\| \|f\|_1 = \|\ell\|\mu(A).$$

Wäre $\mu(A) > 0$, so wäre $\mu(A)\|\ell\| < \int 1_A|g| \, d\mu$ nach Definition von A, ein Widerspruch. Es folgt $|g| \le \|\ell\|$ fast überall, also $\|g\|_\infty \le \|\ell\|$ im Fall $p = 1$.

5. Beide Seiten von (13.3) definieren auf $L_p(S; \mu)$ stetige Funktionale, die auf der dichten Teilmenge L_∞ von L_p, und damit auch auf ganz L_p, übereinstimmen. Die behauptete Darstellung von ℓ ist damit bewiesen. $\square$

13.3 Der Banachraum $\mathcal{M}(S)$ der signierten endlichen Maße

Sei $(S, \mathcal{A})$ ein messbarer Raum. Die Menge

$$\mathcal{M}(S) = \{\mu | \mu : \mathcal{A} \to \mathbb{R} \text{ ist endliches signiertes Maß}\}$$

bildet einen reellen Vektorraum, versehen mit der Addition und der Skalarmultiplikation

$$(\mu_1 + \mu_2)(A) = \mu_1(A) + \mu_2(A), \quad (\alpha\mu)(A) = \alpha\mu(A).$$

Wir betrachten die Jordan-Zerlegung $\mu = \mu^+ - \mu^-$ von μ in endliche Maße $\mu^\pm$ aus Satz 9.9,

$$\mu^+(A) = \sup_{A' \subset A} \mu(A'), \quad \mu^-(A) = -\inf_{A' \subset A} \mu(A') = (-\mu)^+(A)$$

für messbares A. Hieraus erhalten wir unmittelbar

$$(\mu_1 + \mu_2)^+(A) \leq \mu_1^+(A) + \mu_2^+(A), \quad (\mu_1 + \mu_2)^-(A) \leq \mu_1^-(A) + \mu_2^-(A) \tag{13.4}$$

für $\mu_1, \mu_2 \in \mathcal{M}(S)$. Durch $|\mu| = \mu^+ + \mu^-$ wird ein weiteres endliches Maß definiert, es heißt die *Variation* von μ. Die Dreiecksungleichung für Positiv- und Negativteil überträgt sich wegen (13.4) auf die Variation,

$$|\mu_1 + \mu_2|(A) \leq |\mu_1|(A) + |\mu_2|(A).$$

Für skalare Vielfache erhalten wir $|\alpha\mu|(A) = |\alpha||\mu|(A)$ aus $\alpha\mu = (\alpha\mu)^+ - (\alpha\mu)^-$, wobei im Falle $\alpha < 0$ lediglich $(\alpha\mu)^+ = -\alpha\mu^-$ und $(\alpha\mu)^- = -\alpha\mu^+$ zu beachten ist. Aus dem Dargestellten folgt, dass

$$\|\mu\| = |\mu|(S)$$

eine Norm auf $\mathcal{M}(S)$ definiert, da $\|\mu\| = 0$ offenbar $\mu^+(S) = \mu^-(S) = 0$ und damit $\mu = 0$ impliziert. Für $\mu \in \mathcal{M}(S)$ und messbares A gilt dann

$$|\mu(A)| \leq |\mu|(A) \leq \|\mu\|. \tag{13.5}$$

Satz 13.5 *Der Raum $\mathcal{M}(S)$ ist ein Banachraum versehen mit der Norm $\|\mu\| = |\mu|(S)$.*

Beweis Nur die Vollständigkeit ist noch zu zeigen. Sei (μ_n) eine Cauchyfolge in $\mathcal{M}(S)$. Für messbares A ist $(\mu_n(A))$ eine Cauchyfolge in $\mathbb{R}$ wegen (13.5). Wir setzen

$$\mu(A) = \lim_{n \to \infty} \mu_n(A).$$

Wir wollen zeigen, dass die Mengenfunktion μ ein endliches signiertes Maß ist. Zunächst gilt $\mu(\emptyset) = 0$. Da wir den Limes mit endlichen Summen vertauschen können, ist μ endlich-additiv. Darüber hinaus gilt, wiederum wegen (13.5),

$$|\mu(A) - \mu_n(A)| = \lim_{m \to \infty} |\mu_m(A) - \mu_n(A)| \leq \limsup_{m \to \infty} \|\mu_m - \mu_n\|$$

unabhängig von der Wahl von A. Zum Beweis der σ-Additivität von μ betrachten wir nun eine Folge $A_1, A_2, \ldots$ disjunkter messbarer Mengen und setzen $A = \cup_{k \geq 1} A_k$. Für alle natürlichen Zahlen n, l gilt

$$\left| \mu(A) - \sum_{k=1}^{l} \mu(A_k) \right| \le |\mu(A) - \mu_n(A)| + \left| \mu_n(A) - \sum_{k=1}^{l} \mu_n(A_k) \right|$$

$$+ \left| \mu_n\left(\bigcup_{k=1}^{l} A_k \right) - \mu\left(\bigcup_{k=1}^{l} A_k \right) \right|,$$

wobei wir die bereits bewiesene endliche Additivität von μ ausgenutzt haben. Ein Übergang zum Limes superior in l bei festgehaltenem n ergibt wegen der σ-Additivität von μ_n

$$\limsup_{l\to\infty} \left| \mu(A) - \sum_{k=1}^{l} \mu(A_k) \right| \le 2 \limsup_{m\to\infty} \|\mu_m - \mu_n\|.$$

Ein weiterer Übergang zum Limes superior, diesmal bezüglich n, liefert 0 auf der rechten Seite, und es folgt $\mu(A) = \sum_{k\ge 1} \mu(A_k)$. $\qquad\square$

13.4   Der Dualraum von C(S)

Sei S ein kompakter metrischer Raum, versehen mit der Borel-σ-Algebra $\mathcal{B}$, und C(S) der Banachraum aller reellwertigen stetigen Funktionen auf S. Nach dem Darstellungssatz 11.3 von Riesz können wir jedes positive lineare Funktional ℓ auf C(S) als Integral bezüglich eines geeigneten endlichen Maßes μ darstellen. Sofern wir auch signierte Maße zulassen, können wir eine solche Darstellung auch für beliebige lineare stetige Funktionale auf C(S) finden.

Ein signiertes endliches Maß μ heißt *regulär*, falls μ^+ und μ^- regulär sind (oder äquivalent, falls $|\mu|$ regulär ist). Aus Satz 7.6 folgt, dass jedes signierte endliche Maß auf dem kompakten metrischen Raum S regulär ist.

Satz 13.6 *Sei S kompakter metrischer Raum. Jedes signierte endliche reguläre Maß μ auf S definiert vermittels*

$$\ell(f) := \int f \, d\mu$$

ein $\ell \in C(S)'$, und jedes solche ℓ ist in dieser Form eindeutig darstellbar. Die Zuordnung $\mu \mapsto \ell$ ist linear und isometrisch, das heißt, es gilt $\|\ell\| = \|\mu\|_{\mathcal{M}(S)}$ für die duale Norm von ℓ.

Beweis Zu $\mu \in \mathcal{M}(S)$ untersuchen wir zunächst die Eigenschaften der linearen Abbildung $\ell : C(S) \to \mathbb{R}$, gegeben durch

$$\ell(f) = \int f \, d\mu.$$

ℓ ist linear und wegen der aus der Jordan-Zerlegung $\mu = \mu^+ - \mu^-$ gewonnenen Abschätzung

$$|\ell(f)| \leq \int |f| \, d\mu^+ + \int |f| d\mu^- \leq \|f\|_\infty \|\mu^+\| + \|f\|_\infty \|\mu^-\| \leq \|f\|_\infty \|\mu\|$$

auch stetig mit $\|\ell\| \leq \|\mu\|$, also gilt $\ell \in C(S)'$. Zum Beweis der umgekehrten Ungleichung $\|\ell\| \geq \|\mu\|$ seien A_+ und $A_- := A_+^c$ die zur Jordan- (bzw. Hahn-) Zerlegung gehörenden Mengen mit $\mu^+(A_-) = \mu^-(A_+) = 0$. Aufgrund der Regularität von μ finden wir zu beliebigem $\varepsilon > 0$ kompakte Mengen $K_+ \subset A_+$ und $K_- \subset A_-$ mit $\mu^\pm(A_\pm) \leq \mu^\pm(K_\pm) + \varepsilon$. Wir definieren die stetigen Funktionen

$$f_\pm(x) = (1 - \alpha^{-1} d(x, K_\pm))^+, \quad f = f_+ - f_-,$$

wobei $\alpha := \text{dist}(K_+, K_-) = \inf_{x_\pm \in K_\pm} d(x_+, x_-)$. Es gilt $f = 1$ auf $K_+, f = -1$ auf K_- und $\|f\|_\infty \leq 1$. Wir schätzen nun ab

$$\int_S f \, d\mu = \int_{K_+} f \, d\mu + \int_{K_-} f \, d\mu + \int_{(K_+ \cup K_-)^c} f \, d\mu$$

$$\geq |\mu|(K_+) + |\mu|(K_-) - |\mu|((K_+ \cup K_-)^c) = 2(|\mu|(K_+) + |\mu|(K_-)) - |\mu|(S)$$

$$\geq 2(|\mu|(A_+) + |\mu|(A_-) - 2\varepsilon) - |\mu|(S) = |\mu|(S) - 4\varepsilon = \|\mu\| - 4\varepsilon.$$

Es gilt also $\|\ell\| \geq \ell(f) \geq \|\mu\| - 4\varepsilon$, damit folgt $\|T\mu\| \geq \|\mu\|$ für $\varepsilon \to 0$. Aus der somit bewiesenen Isometrie $\|\ell\| = \|\mu\|$ folgt nun die Eindeutigkeit von μ in der Darstellung von ℓ.

Es bleibt zu zeigen, dass zu vorgegebenem $\ell \in C(S)'$ ein solches μ existiert. Um das zu erreichen, stellen wir ℓ als Differenz zweier positiver linearer Funktionale dar und wenden auf diese den Darstellungssatz 11.3 von Riesz an. Wir definieren

$$\ell^+(f) = \sup_{0 \leq \varphi \leq f} \ell(\varphi), \quad \text{falls } f > 0.$$

Für solche φ gilt $\|\varphi\|_\infty \leq \|f\|_\infty$, also folgt $\ell(\varphi) \leq \|\ell\| \|\varphi\|_\infty \leq \|\ell\| \|f\|_\infty$, und somit ist $0 \leq \ell^+(f) < \infty$ für $f \geq 0$. Unmittelbar aus der Definition folgen

$$\ell^+(f) + \ell^+(g) \leq \ell^+(f + g), \quad \ell^+(\alpha f) = \alpha \ell^+(f),$$

für $f, g \geq 0$ und $\alpha \geq 0$. Zum Beweis der umgekehrten Ungleichung sei $0 \leq \varphi \leq f + g$. Es gelten

$$\varphi = \min(\varphi, f) + (\varphi - f)^+, \quad (\varphi - f)^+ \leq g,$$

also
$$\ell(\varphi) = \ell(\min(\varphi, f)) + \ell((\varphi - f)^+) \le \ell^+(f) + \ell^+(g)$$

nach Definition von ℓ^+. Übergang zum Supremum liefert $\ell^+(f + g) \le \ell^+(f) + \ell^+(g)$ und damit insgesamt

$$\ell^+(f) + \ell^+(g) = \ell^+(f + g), \quad \text{falls f, } g \ge 0. \tag{13.6}$$

Wir definieren nun für beliebiges $f \in C(S)$

$$\ell^+(f) = \ell^+(f^+) - \ell^+(f^-).$$

Die Linearität von ℓ^+ auf $C(S)$ wird nun in derselben Weise wie beim Lebesgue-Integral bewiesen, indem wir ℓ^+ mit (13.6) auf die Identitäten

$$(f + g)^+ + f^- + g^- = (f + g)^+ + f^+ + g^+,$$
$$(-f)^+ + f^+ = (-f)^- + f^-$$

anwenden. Mit ℓ^+ ist dann auch $\ell^- := \ell^+ - \ell$ ein positives lineares Funktional auf $C(S)$. Aus dem Darstellungssatz 11.3 von Riesz erhalten wir endliche Maße μ_+ und μ_- mit

$$\ell^+(f) = \int f\, d\mu_+, \quad \ell^-(f) = \int f\, d\mu_-.$$

Schließlich liefert nun $\mu = \mu_+ - \mu_-$ die gesuchte Darstellung von ℓ. $\square$

Übungsaufgaben

Aufgabe 13.1 Zeigen Sie, dass der Raum $C(S)$ der stetigen Funktionen auf einem kompakten metrischen Raum S, versehen mit der Supremumsnorm $\|f\|_\infty = \sup_{x \in X} |f(x)|$, ein Banachraum ist.

Aufgabe 13.2 Sei M Teilmenge eines normierten Raums X. Zeigen Sie, dass die Abstandsfunktion $d(x, M) = \inf_{z \in M} \|x - z\|$ als Funktion von x nichtexpansiv ist.

Aufgabe 13.3
(i) Sei $T : X \to Y$ eine lineare Abbildung zwischen normierten Räumen X und Y. Zeigen Sie: Ist X endlichdimensional, so ist T stetig.
(ii) Zeigen Sie, dss jeder endlichdimensionale normierte Raum ein Banachraum ist.

Aufgabe 13.4 Vollständigkeit von $\mathcal{L}(X; Y)$.
Seien X, Y Banachräume, sei $T_1, T_2, \dots$ Cauchyfolge in $\mathcal{L}(X; Y)$, sei $T : X \to Y$ definiert durch $Tx = \lim_{n \to \infty} T_n x$. Zeigen Sie:

(i) T ist linear.
(ii) Die Menge $\{\|T_n\|\}_{n \in \mathbb{N}}$ ist beschränkt, T ist stetig.
(iii) Es gilt $\lim_{n \to \infty} \|T_n - T\| = 0$.

Aufgabe 13.5 Wir fassen die Menge der stetigen Funktionen $f : [0, 1] \to \mathbb{R}$ als Unterraum U des mit der L_1-Norm versehenen Banachraums $L_1([0, 1]; \lambda)$ auf. Zeigen Sie:

(i) U ist nicht abgeschlossen in X, also auch nicht vollständig.
(ii) Sei $x \in [0, 1]$. Das durch $\delta_x(f) := f(x)$ definierte Funktional ist nicht stetig auf U.

Aufgabe 13.6 Sei $(S, \mathcal{A}, \mu)$ ein Maßraum. Zeigen Sie: Zu jedem $f \in L_\infty(S; \mu)$ gibt es eine Folge $f_1, f_2, \dots$ signierter elementarer Funktionen mit $\|f_n - f\|_\infty \to 0$.

Literatur

1. H. Bauer, *Maß- und Integrationstheorie,* 2. Aufl. (de Gruyter, Berlin 1992)
2. J. Elstrodt, *Maß- und Integrationstheorie,* 7. Aufl. (Springer, Berlin 2011)
3. L.C. Evans, R.F. Gariepy, *Measure Theory and Fine Properties of Functions,* (CRC Press, Boca Raton 1992)
4. P.R. Halmos, *Measure Theory,* Van Nostrand 1950 (Springer, New York 1974)
5. A. Klenke, *Wahrscheinlichkeitstheorie,* 3. Aufl. (Springer, Berlin 2013)
6. The MacTutor History of Mathematics archive, http://www-history.mcs.st-and.ac.uk/
7. A. Pietsch, *History of Banach Spaces and Linear Operators,* (Birkhäuser, Boston 2007)
8. W. Rudin, *Analysis,* 4. Aufl. (Oldenbourg, München 2009)
9. W. Rudin, *Reelle und komplexe Analysis,* 2. Aufl. (Oldenbourg, München 2009)
10. R. Schilling, *Maß und Integral,* (de Gruyter, Berlin 2015)
11. D. Werner, *Funktionalanalysis,* 8. Aufl. (Springer, 2018)
12. D. Werner, *Einführung in die höhere Analysis,* 2. Aufl. (Springer, Berlin 2009)
13. D. Werner, *Funktionalanalysis,* 8. Aufl. (Springer Spektrum, Berlin 2018)

© Springer Basel AG 2019
M. Brokate und G. Kersting, *Maß und Integral,* Mathematik Kompakt,
https://doi.org/10.1007/978-3-0348-0988-7

Stichwortverzeichnis

© Springer Basel AG 2019
M. Brokate und G. Kersting, *Maß und Integral,* Mathematik Kompakt,
https://doi.org/10.1007/978-3-0348-0988-7

Printed in the United States
By Bookmasters